少儿版 祖国的海洋

ZUGUO DE HAIYANG (SHAOERBAN)

李国强　刘俊珂　张磊　著

中国言实出版社

图书在版编目（CIP）数据

祖国的海洋：少儿版／李国强、刘俊珂、张磊著.
—北京：中国言实出版社，2015.7
ISBN 978-7-5171-1440-6

Ⅰ.①祖… Ⅱ.①李… ②刘… ③张… Ⅲ.①海洋—
少儿读物 Ⅳ.①P7-49

中国版本图书馆 CIP 数据核字（2015）第 151430 号

责任编辑：马晓冉

出版发行　中国言实出版社
　　地　　址：北京市朝阳区北苑路 180 号加利大厦 5 号楼 105 室
　　邮　　编：100101
　　编辑部：北京市西城区百万庄大街甲 16 号五层
　　邮　　编：100037
　　电　　话：64924853（总编室）64924716（发行部）
　　网　　址：www.zgyscbs.cn
　　E-mail：zgyscbs@263.net
经　　销　新华书店
印　　刷　三河市祥达印刷包装有限公司
版　　次　2015 年 8 月第 1 版　2015 年 8 月第 1 次印刷
规　　格　710 毫米×1000 毫米　1/16　14.5 印张
字　　数　182 千字
定　　价　40.00 元　　　　ISBN 978-7-5171-1440-6

目录 CONTENTS

第一章　陆地环抱的内海——渤海

目录 CONTENTS

第二章　　半封闭的浅海——黄海

CONTENTS 目录

目录 CONTENTS

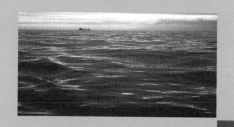

前　言
QIANYAN

　　地球学研究表明，整个地球的面积为 5.1 亿平方千米，其中海洋面积为 3.61 亿平方千米，占地球表面面积的 71%；而陆地面积为 1.49 亿平方千米，仅占地球表面面积的 29%。这组数据说明，我们人类居住的这个星球，更像是水球，而不是地球。

　　当我们循着人类生命演化的轨迹，去追溯生命的源头时，就会发现海洋与人类有着千丝万缕的联系。科学研究告诉我们：海洋孕育了生命，海洋是生命的摇篮。

　　自古至今，人类对海洋的探索与追逐从来没有停息过。进入 20 世纪以后，世界各国对海洋的热情日益高涨，以至于超过了以往任何一个历史时期。人们在关注海洋、争夺海洋，导致世界海洋的每一个角落几乎都充满了竞争和角逐。

　　作为加快经济建设、提高和增强综合国力的必然选择，开发海洋、利用海洋已经被纳入世界各国的发展战略中。世界各沿海

国家纷纷加大海洋科研和海洋开发力度，而海洋经济的高速发展，已经昭示海洋将是未来时代中占主导地位的，甚至是最为重要的经济领域。可以肯定地说，未来的世纪将是海洋的世纪。

中国既是一个陆地大国，也是一个海洋大国，海岸线长达 1.8 万千米，近海及毗邻海域（不包括台湾以东海域），东西横跨经度 32°，南北纵越纬度 44°。按照国际法和《联合国海洋法公约》的规定，我国拥有领海面积 38 万平方千米，还拥有 300 万平方千米主张管辖的海洋面积。辽阔的海洋，养育了中华民族。在中华民族发展史上，我们的先人曾经创造了灿烂的海洋文明，为世界海洋的和平开发和利用做出了卓越贡献。但是也要看到，我们既有过开拓海洋的辉煌，也曾经疏远过与海洋的联系；我们既有过古代航海技术领先世界的荣耀，也有"禁海"政策的桎梏；既有扬威世界的郑和"七下西洋"的壮举，也有近代海防危机的耻辱。"重陆轻海"这一传统观念是如此根深蒂固，以致国人的海洋意识十分淡薄。海洋是国家领土不可或缺的重要组成部分，是我们赖以生存和发展的家园，是中华民族伟大复兴的根基。历史经验一再证明：海洋与中华民族的发展命脉息息相关，与中华民族的历史进程紧密相连。

奔腾不息的海洋，是顽强生命的象征；蔚蓝色的海水，是贯通未来的主脉。毫不夸张地说，海洋将是中华民族的未来和希望之所在。"向海洋进军"奏响了时代的主旋律，它既饱含着民族复兴的希望，也凝结了历史的重托。

中国人已经开启了海洋之门，海洋必定会造福于中华子孙。

当我们带着一腔热血拥抱海洋时，海洋将敞开她那宽广的胸怀，接纳钟情于她的人们；当我们怀着圣洁的心灵走向海洋时，海洋不会辜负我们的期望，会把她那蕴藏已久的宝藏无私地奉献给我们。

热爱海洋，关注海洋，将是这个时代的最强音。

第一章

陆地环抱的内海——渤海

■渤海

　　在我国山东半岛与辽东半岛的怀抱里有一片葫芦形状的蓝色海域，犹如一颗蓝色的明珠镶嵌在华北平原的东北部，与陆地紧紧相依，这就是我国唯一由陆地环抱的半封闭性内海——渤海。

　　渤海地处中国大陆东部的最北端，位于北纬 37°07′～41°0′ 和东经 117°35′～121°10′ 之间的区域。从地理特征上看，渤海三面为陆地所包围，是一个典型的近封闭的浅海，自北而南的环海行政区是辽宁、河北、天津和山东；向东经 109.3 千米宽的渤海海峡与黄海相通，辽东半岛的老铁山与山东半岛北岸的蓬莱角间的连线即为渤海与黄海的分界线。辽东湾、莱州湾和渤海湾分别是渤海南北两端的三大海湾。渤海的海域面积为 77284 平方千米，占我国海域面积的 1.63%。环渤海海岸线总长度 5139 千米，平均水深 18 米，最大水深 86 米，水深在 20 米以下的海域面积占一半以上。渤海海域内分布着众多的岛屿，其中面积大于 500 平方米的岛屿有 271 个，在这 271 个岛屿中较大的有南长山岛、砣矶岛、钦岛和皇城岛等，统称为庙岛群岛或庙岛列岛。由于渤海地处北方温带，受北方大陆性气候的影响，所以水温季节性变化较大，2 月份平均水温在 0℃左右，8 月份则高达 21℃，年平均水温为 10.7℃。由于环海河流向渤海注入大量淡水，所以渤海的海水盐度较低，约为 30‰。渤海不仅是我国北方重要的海上通道，也是京津地区的海上门户。

一、地质构造

　　渤海古称沧海，因位于我国北方，故又有北海之称。渤海是华北台地的一部分，其结构类型与华北台地完全相同。在构造归属上，渤海分为基底和盖层两个部分。

　　地质研究表明，渤海基底的形成与郯庐断裂带的运动有关。郯庐断裂带形成于中元古代，是亚洲大陆东部的一系列北东向巨型断裂系中的一条主干断裂带，这条断裂带并不仅指山东郯城与安徽庐江之间的一段，还包括向南延伸到湖北的长江北岸的武穴一带，向北、东经安徽、江苏、山东穿越渤海，经辽东半岛、东北平原直抵俄罗斯境内。该断裂带在我国境内的长度为2400千米，宽几十千米至两百千米不等，总体走向为北东10°～20°。郯庐断裂带是地壳断块差异运动的接合带，也是地球物理场平常带和深源岩浆活动带。我国东部不同类型的地形构造单元，基本上均由此断裂切穿。现在郯庐断裂带的水平滑移速率约为每年2.3毫米。

　　渤海以郯庐断裂带的渤海延伸段至营潍断裂带为界，分为东西两部分。断裂带以东的渤海海域的基底构造与我国的胶东半岛和辽东半岛相似，均为重力场高值区，磁力以负磁场为背景，主要由太古代和早元古代的结晶片岩和片麻岩组成；而断裂带以西重力呈现低值区，磁力呈现正磁场背景，与北部的燕山地区和南部的山东西部地区的重磁场特征相近。由此可以推断渤海西部基底与燕山和鲁西出露的太古界和元古界结晶变质基底相同，为同一套变质程度较深、混合岩化普遍的混合岩、片麻岩、变粒岩组成的太古界地层和由变质程度中等、混合岩化作用不普遍的片岩、片麻岩、石英岩、板岩、千枚岩组成的早元古界地层。断裂带以

西的西半部为渤海的主体部分。

同时，区域基底构造研究表明，发生于距今 22 亿年左右的五台运动是太古宙末的一次褶皱运动。这次地层运动使太古界产生了以东西向为主，伴有花岗岩类侵入的褶皱和断裂。吕梁运动使下元古界产生北东—北北东向为主的断裂构造，并加深了下伏地层的变质程度。上述两次大规模的运动使华北台地的部分地区发生升降和位移，并最终形成了包括渤海在内的华北地台的统一变质结晶基底。

目前的物质勘探资料可以证明，渤海的盖层可分为上中下三个构造层：上构造层是晚第三纪（距今 2330 万年～距今 164 万年）陆相湖泊沉积和第四纪海相沉积层。对亚洲地理环境产生重大影响的喜马拉雅运动结束了包括古新世、始新世和渐新世在内的早第三纪（距今 6700 万年 ± 300 万年～距今 2600 万年 ± 100 万年）隆坳差异不均衡的局面，至晚第三纪时期，逐渐形成统一的稳定下沉的大坳陷，其沉积中心逐渐迁移至渤海中部的渤中坳陷一带。在这一时期，从地层构造上看，可以分为馆陶组和明化镇组，主要分布在山东、河北、天津、辽宁等地。馆陶组和明化镇组是以我国河北省馆陶县和明化镇两地而命名的，以陆相杂色碎屑岩建造为主，平均厚度约为 79 米～956 米，与其下第三系各组呈明显不整合接触状态。

明化镇组位于馆陶组的上层，其构成以土黄与棕红色砂岩、泥岩为主，上段粒度较粗，颜色浅，含铁锰质与灰质结核，下段粒度较细，颜色深；厚度约在 556 米～1100 米，最大厚度为 1653 米，与下伏的馆陶组呈整合接触，但上与平原组不整合接触。在明化镇组晚期的时候，由于海水偶尔地浸漫，地层中出现了少许海相夹层，但是沉积厚度却在 2000 米以上。

随着新生代最后一纪即第四纪（距今约 258.8 万年）的到来，渤海湖盆开始大幅度下沉并被海水淹没，沉积了平原组海相的砂、粉砂和粘土，渤海的地层构造也进入一个新的发展时期，现今之渤海逐渐形成。在第四纪时期，渤海海平面发生了多次的升降和盈缩，今天的辽东半岛已经发现三条由贝壳组成的长堤：最早的贝壳堤高出海平面近 10 米，形成年代距今约有 4270 年 ± 120 年；中间层高出海平面约 5 米，距今 2000 年～2500 年；最新层高出海平面约 3 米。由此可以说明，早期的渤海在形成过程中发生了至少三次的明显升降。此外在莱州湾地区也发现了距今约 5500 年的大批古牡蛎礁。这些现象表明，渤海的形成时间比较晚，而且在形成过程中出现过较为强烈的升降运动。

中构造层是侏罗纪（距今约 1.996 亿年 ± 60 万年～距今 1.455 亿年 ± 400 万年）、白垩纪（距今约 1.455 亿年 ± 400 万年～距今 6550 万年 ± 30 万年）及晚第三纪的陆相、湖泊相地层，与上下构造之间并不完全整合，主要表现为侏罗—白垩系南北部在岩性上有明显的差异：以沙垒田凸起—老铁水道为界，北部以及中部，以基性火山岩和碎屑岩为主，南部主要为红色砂泥岩及凝灰岩类。中生代（距今约 2.5 亿年～距今 6500 万年）以来，环渤海地区不断上升隆起，而渤海地区则进入相对下沉时期。在地球进入历史上最新的一个地质时代，即新生代（距今 6500 万年）时期后，渤海盆地的发展开始进入全盛时期；盆区继续下降并最终形成了受北东—北北东向断裂控制的裂谷盆地。整个盆地在下降的同时伴随有差异运动，在这些差异运动中，盆地内部又形成了四个次一级的坳陷：沉积较薄为莱州湾坳陷，其厚度约为 4980 米，莱州湾凹陷属于济阳坳陷的一部分，郯庐断裂带穿过该凹陷的东部和西部，东为鲁东隆起区，西是垦东凸起区和青东凹陷区，南边为潍

北凸起区,北边为莱北低凸起区;辽东湾坳陷由于受营口—潍坊断裂带控制,沉积较厚,约为5200米;渤海湾坳陷沉积厚度达6270米,中部的渤中坳陷为沉积最厚层,其厚度达7000米以上。

沉积相相关研究表明,在早第三纪早期,渤海海盆沉积层厚度为500米~600米,主要由深灰色、灰绿色及紫褐色的泥层和砂岩组成。早第三纪中期沉积层厚度为100米~400米,主要为浅灰、灰绿或深灰色泥岩层。早第三纪晚期沉积层为厚200米~500米的泥岩和砂岩层。整个地层由上而下逐渐变粗(即泥岩—砂岩—砾岩),这反映了早第三纪晚期渤海地区已呈现出湖泊环境。

渤海的下构造层,以下古生界海相碳酸盐岩为主,上古生代(距今5.4亿年)石炭—二叠纪(距今约2.95亿年~距今2.5亿年),海陆交互相地层极薄,而且分布面积较小。

长期的地质变化使得渤海海底平坦且多为泥沙和软泥质,地势则呈由北西东向渤海海峡倾斜的态势。海岸分为粉沙淤泥质岸、沙质岸和基岩岸三种类型。黄河三角洲和辽东湾北岸等沿岸为粉沙淤泥质海岸,滦河口以北的渤海西岸属沙砾质岸,山东半岛北岸和辽东半岛西岸主要为基岩海岸。

从地质的演变史来看,渤海的形成经历了从陆地到湖泊再到海洋的变迁。今天的渤海由北部辽东湾、西部渤海湾、南部莱州湾、中央浅海盆地和渤海海峡五个部分组成,是亿万年来地层不断运动演变的结果。

二、自然资源

渤海是一个资源丰富的宝库,这里不仅蕴藏着丰富的石油和天然气资源，而且还有渔业和盐业等多种优势自然资源。

##

在渤海湾盆地形成过程中，新生代时期的断裂和裂陷活动对含油气系统的形成及其特征有广泛和深刻的影响。大量走向不同的断裂活动所形成的多断块、多断陷和凹凸相间的构造格局，奠定了渤海海底石油体系发育的基础。经过地质勘探，目前已在渤海地区发现了第三系、中生界、古生界和元古界多个石油系统，其中第三系石油系统是新中国成立以来勘探开发的重点，并由此形成了辽河、大港、冀东、胜利、冀中、中原和海域等七个亚油区。2031 年～2050 年可保持在 5000×10^4 吨以上。同时，由于渤海湾的形成受到的断裂影响较为复杂，因此海域地质油藏出现了构造破碎、断裂发育、油藏复杂的特点，储层以河流相、三角洲、古潜山为主，油质较稠，稠油储量占全部石油储量的65%以上。

1967 年，渤海湾"海一井"的成功出油拉开了我国海上开发石油的序幕，它标志着渤海油区进入了现代工业生产阶段。20 世纪 70 年代中期，渤海油田产量只有 7.4 万吨，2004 年年底首次达到 1000 万吨；2010 年，渤海油田再上新台阶，实现了历史性的跨越，油气产量达到 3005 万吨，占我国国内海上石油总产量的60%，成为我国目前最大的海上油田，原油产量仅次于大庆油田，是中国第二大油田。

现在，中国海洋石油总公司天津分公司负责渤海油田的勘探、开发和生产业务。在科技工作者的不断努力下，渤海油田的储层描述技术、地质数模和建模技术、优快钻完井技术、工程建造技术以及在生产油田综合调整技术等均处于世界先进及国内领先水平。勘探资料表明，在 77284 万平方千米的海域面积中，可

勘探矿区面积约 43000 万平方千米,占渤海海域总面积的 56%。截至 2010 年年底,渤海油田已经累计发现三级石油地质储量 50 亿方,蓬莱 19-3、绥中 36-1、秦皇岛 32-6、渤中 25-1、金县 1-1、锦州 25-1/ 南等数个亿吨级大油田相继被发现,目前已形成四大生产油区和八个生产作业单元,投入生产的油田达五十余个,拥有各类采油平台一百余座,累计向国家贡献了 1.75 亿方原油。

渤海油田与环海区域的辽河油田、大港油田、胜利油田、华北油田、中原油田同属于一个盆地构造,有辽东、石臼坨、渤西、渤南、蓬莱五个构造带,勘测表明总资源量在 120 亿方左右。据专家估计,目前发现的石油储藏量可能仅仅占渤海地区石油总储藏量的一小部分,渤海海盆地区石油总储藏量可能高达 200 亿吨。渤海地区在未来有可能成为我国的石油主产区之一。

渔业资源

由于渤海是一个近似封闭的海,在水文、物理等方面受陆地影响很大。辽河、滦河、海河和黄河等河流带来的泥沙不断沉积,改变了海底和海岸的地貌。亿万年来大量泥沙的不断堆积使渤海深度逐渐变浅。与我国其他海域相比,渤海是深度最浅的一个海区,平均水深 18 米,最大水深在辽东半岛附近,达 86 米,全海区 50% 以上水深不到 20 米。平坦的海底和丰富的饵料,使渤海成为我国重要的对虾、蟹和黄花鱼渔场以及大型海洋水产养殖基地。辽东湾、渤海湾、莱州湾是渤海的主要渔区。渤海底层的小型鱼类和幼鱼均以梅童和小黄鱼幼鱼为主,大中型底层鱼类以洄游性鱼类为主,秦皇岛外海、渤海中部以孔鳐、黄盖鲽等大型底栖种类为主。据统计,在渤海区域常见鱼类有七十余种,加上虾、

■日照：黄渤海开捕，渔船首航归来鱼满舱

蟹、贝、藻类，可达 170 多种。下面介绍几种渤海区域常见的鱼虾类：

渤海对虾，又称中国对虾、斑节虾。节肢动物门，甲壳纲，十足目，对虾科，对虾属。渤海对虾为广温广盐性海产动物，腹部较长，肌肉发达，分节明显。对虾属个体大，体呈长筒形，左右侧扁，身体分为头、胸和腹部，由 20 个体节组成。雌体青蓝色，雄体呈棕黄色。成虾雌性个体体长一般 13 厘米～17 厘米，重约 50 克～80 克，最大的可达 30 厘米，重 250 克；雄性的体长和体重略小。渤海对虾体

硕肉嫩、色彩晶莹、营养丰富，经济和营养价值均为虾类之冠，名列海产"八珍"之一，在国际市场上久负盛名，历来是渤海渔业的重要支柱。

小黄鱼，又名小鲜、大眼、花色、小黄瓜、古鱼、黄鳞鱼，俗称"黄花鱼""小黄花"等。体形似大黄鱼，但头较长，眼较小，鳞片较大，尾柄短而宽，体长约20厘米，体重200克~300克。体背灰褐色，腹部金黄色。为近海底层结群性洄游鱼类，栖息于泥质或泥沙底质的海区。小黄鱼具有肉质鲜嫩、营养丰富的特点，是优质食用鱼，也是我国重要的出口鱼类之一。

黑鲷是渤海常见的鱼类之一，其俗称有海鲋、青鳞加吉、青郎、乌颊、海鲫、铜盆鱼等。黑鲷为肉食性鱼类，成鱼以贝类和小鱼虾为主要食物，喜在岩礁和沙泥底质的清水环境中生活，是肉质鲜美的名贵海产鱼类之一，最大个体长达45厘米。

鲈鱼是渤海常见的经

济鱼类之一，体长而侧扁，一般体长为30厘米~40厘米，体重400克~1200克。眼间隔微凹，吻尖，牙细小，在两颌、犁骨及腭骨上排列成绒毛状牙带。鲈鱼属近岸浅海中下层鱼类，常栖息于河口咸淡水处，春夏间幼鱼有成群溯河习性，冬季返归

■ 大连：星海公园

■ 烟台：长岛九丈崖风光

■ 秦皇岛：山海关景区

海中；主食鱼、虾类。渔期为春、秋两季，每年的 10 月～11 月为盛渔期。

银鲳又名平鱼、白鲳、长林、扁鱼等，属鱼产形目，体呈卵圆形，侧扁，无腹鳍，背鳍与臀鳍呈镰刀状，尾鳍深叉，一般体长 20 厘米～30 厘米，平均体重 300 克左右。头较小，吻圆钝略突出。体背部微呈青灰色，胸、腹部为银白色，全身具银色光泽并密布黑色细斑。银鲳的游速缓慢，嘴巴较小，所以常以水母、硅藻和绕足类充饥。银鲳是我国名贵的海产鱼类之一。

盐业资源

渤海海水的氯化钠浓度较高，常年平均蒸发量超过降水量约 1100 毫米。强日照、多风及沿岸较好的淤泥滩蓄水条件，这些造就了渤海区域优越的晒盐条件。渤海区域历来都是我国最大的盐业生产基地，在我国的四大海盐产区中，环渤海区就有长芦、辽东湾、莱州湾三大盐区。

长芦盐区的盐场主要分布在乐亭、滦南、唐海、汉沽、塘沽、黄骅、海兴等县境内，是我国最大的盐场，其产量占渤海区海盐产量的一半，盐田面积、原盐生产能力和盐业产值占全国海盐的四分之一以上。

辽东湾盐区包括复州湾、营口、金州、锦州和旅顺五大盐场，是辽宁省海盐的主要生产地。

莱州湾盐区包括烟台、潍坊、东营、惠民等 17 个盐场，盐田总面积约 400 平方千米，主要盐场综合机械化水平达 60% 以上，在北方各海盐区处于先进水平。

另外，环渤海地区还是我国盐化工业及海洋化工的重要基地。该地区的多数盐场利用制盐苦卤生产氯化钾、氯化镁、无水芒硝

等产品，在全国盐业系统中占有突出地位。以盐为原料的制碱工业多分布在各主要产盐区，位于长芦盐区中心的天津碱厂是我国制碱工业的发源地和大型纯碱生产基地。

旅游资源

目前环渤海地区已经是我国经济的第三增长极，丰富的旅游资源成为这一地区经济的主要增长点之一。环渤海地区的旅游资源集海、岛、山、泉、城、文物古迹于一体，颇具特色。在5100多千米长的海岸线周边有众多国家 4A 级景区、国家级风景名胜区、历史文化名城、优秀旅游城市。其中秦皇岛、大连、烟台等城市因依山傍海、气候宜人、温度适中而成为著名的滨海休闲度假和旅游观光胜地。

三、气候和水文

渤海是一个近似封闭的海区，又位于中纬度大陆性季风区，西北部距离蒙古高原较近，因此其气候特征呈现出明显的"大陆性"。

在水文上，由于渤海独特的地理特征，其海洋水文有明显的地域特色。

海水温度

海水温度是反映海水冷热状况的物理量。海洋中层及表层水温变化的幅度一般在 −2℃～30℃ 之间，海洋深处的温度稳定在 −1℃～4℃ 之间。据统计，平均水温超过 20℃ 的区域占整个渤海面积的 50%。海水温度的变化呈现周期性变化和不规则变化两种状态，这主要取决于海洋热收支状况及时间变化。一般而言，海水日温差并不大，变化水深范围从海平面到水下 30 米处，而年变化可达水深 350 米左右处，在这一水深区域有一恒温层，但是随着海深的增加，水温开始逐渐下降，每深 1000 米，水温下降 1℃～2℃。海水温度的日变化和年变化与气温的日变化和年变化相比较，有几个突出特点：一是在变化幅度上，水温小于气温；二是在变化位相上，水温落后于气温；三是夏季水温低于气温，而冬季水温则高于气温。作为海洋水文状况中最重要的因子之一，海水温度成为研究水团性质的运动规律的基本指标，同时，针对海水温度的时空分布及变化规律的研究，对气象、航海、捕捞业和水声等学科具有重要的意义。

渤海热量的主要来源是太阳的辐射，约占总热量的 99%，另外一部分来自于海洋和大气之间热量的传递。海面蒸发消耗热量和海面有效辐射是渤海热量支出的主要形式。就全年来讲，渤海仍是处于失热状态，但是，相对高温的黄海暖流北上以后，通过渤海海峡流入渤海，这对渤海水温有重要的影响，在一定程度上改变了渤海海区的失热状态，从而使渤海水温的热平衡相对稳定。在冬季较强的黄海暖流的影响下，渤海沿岸的秦皇岛和葫芦岛等地成为中国北方著名的不冻港。

由于渤海是浅海，受北方大陆性气候影响较大，因此其水温会随大气温度的变化而变化。冬季渤海表层的水温在我国四大海区中最低，辽东湾附近海域是渤海水温最低的地区。2 月海水温度在 0℃左右，8 月由于太阳辐射较强，海水温度可达到 21℃。每当严冬来临，除秦皇岛和葫芦岛外，沿岸大都会出现冰冻现象。辽东湾、莱州湾和渤海湾的顶部在 1 月～2 月间还会有短期的冰盖，进入 3 月融冰时还常有大量流冰出现。

渤海水温的铅直分布在冬季极为均匀，持续时间约六个月。春夏季水温自上而下呈递减趋势，最下层有冷水区。

海水盐度

海水盐度是指海水中全部溶解固体与海水重量之比，通常以每千克海水中所含的克数表示。世界大洋的平均盐度为 3.5%。蒸发、降水、结冰、融冰和陆地径流是影响海水盐度的主要因素。两极附近、赤道区和受陆地径流影响的海区，盐度比较小；在南北纬 20° 的海区，海水的盐度则比较大。海水盐度的垂直分布也是多变的，但在 1000 米以下的深海中，盐度变化幅度较小，基本保持在 34.7‰~34.9‰。

我国海水盐度自北向南、从沿岸向外海呈现逐渐增大的趋势，且冬季盐度比夏季大。就渤海而言，据统计流入渤海的河流有辽河、滦河、海河、黄河等四十余支，河流入海后稀释了渤海的海水，使得海水盐度从河流入海口到远岸海域呈明显的递增趋势。同时，渤海整个海区较为封闭，与外界海洋的海水交换周期长，所以渤海海水的盐度较低，平均值为 30‰，近岸海域的盐度约为 26‰，8 月河口区常低于 24‰。东部到渤海海峡一带受外海海水影响较大，海水盐度可达 31‰。从东到西海水盐度呈余弦变化态势。冬季，随着渤海沿岸水系的衰退，其等盐线大致与海岸线平等。冬季渤海海区的盐度一般在 28‰~30‰ 之间，其中辽东湾为 29‰~30‰，渤海湾为 26‰~29‰，莱州湾为 27‰~28‰，黄海北部为 29‰~31‰。

海水密度

一般而言，海水密度是指海水的比重，即指在一个标准大气压下，海水的密度与3.98℃的蒸馏水密度之比。海水的密度随温度、盐度和压强的变化而发生相应的改变。通常情况下，若温度低、盐度高、压力大，海水密度就会变大。赤道地区温度高，降水丰沛，盐度低，所以海水的密度较小，约1.0230。由赤道向两极，随着温度的降低海水的密度逐渐增大。同时海水密度受海流的影响较大，一般有海流经过的地方，海水密度的水平梯度就会变大，海流运动的速度和流向与海水的密度有直接的关系。海水密度在垂直方向上的分布基本上处于较稳定的状态，随海洋深度的增加相应增大。以15000米海深为界，以上的海水密度垂直梯度大，以下的海水密度垂直梯度变小，而在深海地区，密度几乎不再随着深度的变化而变化。

我国近海表层海水密度的分布和变化主要取决于温度和盐度两个因素。我国海洋的近岸地区，特别是有河流流入的地方，海水的盐度变化大，因而那里的海水密度主要由盐度决定；在距河口较远的海区，海水密度主要由温度决定。我国海洋表层密度分布特点是：冬季密度最大，夏季最小，春季为降密期，而秋季为增密期。总的趋势是：沿岸密度小，海区中央密度大，河口地区密度最小。由于渤海有黄河、海河等河流流入，所以环渤海沿岸的海水密度较低，中部密度较高，可达25.0。

水色、透明度

海洋水色是指海水的颜色，一般分为深蓝、碧绿、微黄、棕红。近岸海水多呈淡绿色，深海多为蔚蓝；海水颜色由海水的光学性质及海水中悬浮物的颜色所决定。用福绿尔水色计与白色圆板所显示的颜色进行比对能确定水色的变化。福绿尔水色计把从深蓝到黄绿直到褐色的变化以号码1～21进行标识。号码愈小，

水色愈蓝，也称为水色愈高。在悬浮物较少的海区，水色的变化主要取决于海水的光学性质；反之则取决于悬浮物的颜色。

渤海的水色号码值居我国四个海区之首，冬季最高，夏季变低。沿岸及河口处水色号码值较高，中部及东部海区较低。也就是说渤海沿岸特别是河流入海口处，海水的颜色较黄，越向中东部地区，海水的颜色越蓝。

海洋透明度是表示海水能见程度的一个量度指标。在海洋学中，通常用直径为 30 厘米的透明度板垂直地沉入水中，直至恰好看不见的深度。这一深度是白色透明板的反射、散射和透明板以上水柱的散射光与周围海水的散射光相平衡时的状况，所以又可称为相对透明度。海水透明度是描述海水光学性质的主要参数之一，也是识别水质变化的重要指标。在我国四大海区中，由于注入渤海的河流较多，大量泥沙被携带到海水里，所以其海水的透明度最低。

 海冰

海冰指由于气温的降低，直接由海水冻结而成的咸水冰。咸水冰是固体冰和卤水（包括一些盐类结晶体）等组成的混合物，

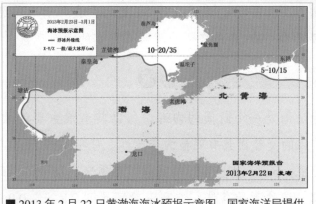

■ 2013 年 2 月 22 日黄渤海海冰预报示意图　国家海洋局提供

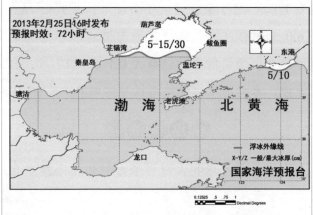

■ 2013 年 2 月 25 日黄渤海海冰预报示意图　国家海洋局提供

其盐度比海水低 2‰ ~ 10‰。渤海地处我国东北，受大陆性气候影响较大。冬季，由于强冷空气的频繁侵袭，渤海会出现结冰现象。每年从 11 月中下旬开始至 12 月上旬，渤海沿岸从北向南开始结冰；次年的 2 月中旬至 3 月上中旬，由南往北海冰会逐渐消失，冰期为三个多月。在气温最低的 1 月和 2 月，沿岸固定冰宽度一般在距岸 1 千米之内，浅滩区冰面扩大到 5 千米 ~ 15 千米。海冰厚度为 10 厘米 ~ 40 厘米，河口及滩涂区的冰堆高度达 2 米 ~ 3 米。距岸 20 千米 ~ 40 千米处则会出现大量浮动的流冰，其

021

分布大致与海岸平行，流速每秒 50 厘米左右。渤海曾经在 1936 年、1947 年和 1969 年的冬天出现过大规模的冰封现象。

海浪

由于渤海是一个封闭的内海，所以其海浪主要以风浪为主，并且随季风的交替而具有明显的季节性。每年 10 月至次年 4 月以偏北浪为主，6 月～9 月盛行偏南浪。冬季来自陆地的强劲的偏北风使渤海风浪达到最高值，波高一般可达到 0.8 米～0.9 米。1 月平均波高为 1.1 米～1.7 米，强风侵袭时可达 3.5 米～6.0 米。夏季偶有大于 6.0 米的台风浪。海浪以渤海海峡和中部为最大，辽东湾和渤海湾较小。渤海的平均波高为 0.1 米～0.7 米，自西向东呈现增大的趋势，东部临近海峡的海区可达到 0.8 米～1.9 米。

潮汐和潮流

潮汐是指海水在月球和太阳引潮力的作用下所产生的周期性的海洋水面的涨落现象。一般每日有两次涨落，也有涨落一次的。

根据运动周期潮汐可分为三类：一是半日潮型，在一个太阳日内出现两次高潮和两次低潮，两次潮差大致相同，涨潮过程和落潮过程的时间长度也几乎都在 6 小时 12.5 分；全日潮型，一个太阳日内只有一次高潮和一次低潮；混合潮型，在一个月的某些时间出现两次高潮和两次低潮，但两次高潮和低潮的潮差相差较大，涨潮过程和落潮过程的时间长度也并不相等。潮汐是因地而异的，且常具有各自独特的潮汐系统。渤海的多数地点为半日潮型，而秦皇岛附近为全日潮型。

由于渤海为内陆所包围，所以具有独立的旋转潮波系统，其中有两个半日潮波和一个全日潮波旋转系统。整体来看半日分潮占有绝对优势。渤海海峡是正规的半日潮区,秦皇岛外和黄河口外各有一范围很小的不规则全日潮区,除此以外的其余区域均为不规则半日潮区。渤海潮差一般为 1 米~3 米。从沿岸平均潮差的情形来看,以辽东湾顶的潮差最大,可达 2.7 米,渤海湾顶为 2.5 米,最小的在秦皇岛附近,仅为 0.8 米。海峡区的平均潮差约为 2 米。

潮流是指由月球和太阳引潮力而引起的周期性的海水水平流动现象。在北半球按顺时针方向旋转,南半球按逆时针方向旋转。渤海海域以半日潮流为主,流速一般为每秒 50 厘米~100 厘米;老铁山水道附近最强,可达每秒 150 厘米~200 厘米;辽东湾较弱,为每秒 100 厘米左右;最弱潮流区是莱州湾,流速为每秒 50 厘米左右。

四、主要岛屿

岛屿是比大陆面积小并完全被水包围的陆地。彼此距离很近的许多岛屿合称为群岛。

海岛按成因可分为大陆岛、海洋岛和冲积岛三个大类。大陆岛的地质构造与邻近的大陆相似,原属大陆的一部分,这类岛屿是由于地壳下沉或海水上升致其与大陆相隔而形成的。我国 93% 的海岛都属这种类型。海洋岛是指由海底火山的喷发物质,或者由发育在沉没的火山顶上的珊瑚礁堆积而形成的岛屿。由于它的组成物质主要是泥沙,故也称沙岛。冲积岛是指由入海河流夹带的泥沙沉积下来而形成的海上陆地。

我国的渤海海区分布着为数众多的岛屿。据统计,目前整个海域内有 271 个海岛,主要分布在辽东湾、渤海湾、莱州湾和渤

海海峡一带。

分布在辽东湾的岛屿共有 88 个，占渤海岛屿总数的 32.4%。其中，隶属辽宁省的岛屿有 40 个，分布在辽东湾的东部、北部和西北部，全部为基岩岛；另外 48 个面积较小的冲积岛在河北省境内，都分布在辽东湾的西南部。

菊花岛又名觉华岛，在唐宋时期被称为"桃花浦"，元朝时被改名为虎华岛。1922 年，因岛上菊花遍地，故又被改名为菊花岛。该岛位于距辽宁省兴城市 15 千米的海中，在北纬 40° 28′18″ ~ 40° 31′28″，东经 120° 46′08″ ~ 120° 49′36″ 之间；呈长葫芦形，两头较为宽阔，中间部分窄细，斜卧海中；东北至西南走向，长 6 千米，南北宽在 1 千米 ~4 千米之间；中间的细谷部分，南北长 1 千米，东西宽 0.5 千米，将岛分成东西两部，东部面积大于西部。海岸线长 20.59 千米，最高潮位 2.3 米，最低 -0.8 米。

菊花岛总面积约 13.5 平方千米，是辽东湾最大的岛屿，素有"北方佛岛"之称。东北距兴城海滨的钓鱼台小坞码头 12.5 千米，西北距陆地 7.5 千米。1956 年 1 月 19 日设菊花岛独立乡，1976 年 4 月 21 日改称菊花岛公社，1983 年 5 月成立菊花岛乡，隶属于兴城市；现辖两个村，九个自然屯；乡政府驻地北山屯，岛上居民 3000 多人。

该岛东西两部分地形差别较大：岛上东半部山势险峻，以悬崖峭壁为主，最高峰为大架山，海拔 195.2 米，唐王洞、大悲阁、八角井、菩提树、点将台、净水盆、九顶石、渤海观音等是这里主要的名胜古迹；西半部为丘陵山区，最高峰海拔 191.8 米，岛上山石嶙峋，明暗礁林立。菊花岛是全国著名的旅游风景区，海滩有东海浴场和南海浴场，每年吸引游客达几十万人。

菊花岛地处辽东湾，深受海洋性气候影响，属亚热带湿润半湿润季风气候区，所以具有明显的海洋性气候特征：夏天温暖潮湿，早晚凉，中午较热，温差较大；冬春之际空气干燥，冷空气较强。冬季以强劲的东北风为主，风力可达 7~8 级。1 月~2 月菊花岛周边海域都结冰封冻，客船开始停航，形成自然封岛状态。海岛与大陆气温相差约半个月，年平均气温 8.7℃，年平均降水量 600 毫米，年平均风速每秒 7.1 米。

大连蝮蛇岛，简称蛇岛，又名"小龙山岛"，距旅顺港 46.3 千米，总面积 0.76 平方千米。岛上地势险峻，多为悬崖峭壁，主峰海拔 216 米，有七条山脊，六条沟，七处岩洞和一些卵石滩。植被以乔木和灌木为主，林间生有以禾本类为主的中生草本植物。这种地理环境为蛇类的栖息提供了有利条件。现在岛上有黑眉蝮蛇 15000 多条，这种蛇属剧毒蛇，是岛上唯一的蝮蛇，因而蛇岛也成为世界上唯一的只有一种蝮蛇的海岛。

黑眉蝮蛇是西伯利亚蝮蛇的一种，属爬行纲蝮蛇科，一般体长 60 厘米~70 厘米，大者可达 94 厘米。蝮蛇头呈三角形，颈细，背灰褐色，两侧各有一行黑褐色的圆斑，腹部灰褐色并带有黑白斑点，主要捕食鼠、鸟、蛙、蜥蜴。蝮蛇毒性甚烈，1 克蛇毒液可毒死 1000 只兔子，3 万只鸽子，0.1 克便可致人死亡。蝮蛇拥有天然的伪装绝技，它的躯体颜色与周围环境酷似，栖息姿态也与周围的物状相仿，所以即使近在咫尺也不会被发现。岛上的蛇一般不主动袭击人类，在不触犯它的情况下，人类接近它并不危险。

蛇岛蝮蛇有一个独特之处，它对周围环境判断并不依靠眼睛，而是靠眼鼻之间的一个颊窝。颊窝状如漏斗，可以说是一个灵敏度极高的热测位器，能察觉 0.001℃ 的温度变化，所以当猎物顺风靠近它时，会被立刻察觉。

■ 唐山：曹妃甸港散货泊位工程建设进展顺利

蛇岛是在特定的地理环境下，经过长期的自然变化而形成的。地貌类型有海蚀地貌、海积地貌和重力堆积地貌，土壤为棕壤。数亿年前，辽东半岛与蛇岛连为一体，均处于海面之下；4亿年以前海平面下降，辽东半岛与蛇岛开始露出海面；距今1亿年前的中生代发生的燕山运动以及距今1000万年~2000万年前的喜马拉雅造山运动产生了辽河断裂，渤海海盆下陷，这一时期，被挤压的巨石在渤海中形成了蛇岛。蛇岛开始时面积很小，只有现在的几分之一，后来在地壳不断上升的过程中逐渐形成了现在的样子。科学研究表明，岛上蛇类的出现并非由大陆渔船携带所致，而是地质时期海陆变迁的结果。

蛇岛地处中纬度，属寒温带季风性气候，受季风和海洋影响较为明显，四季变化平缓，夏无酷暑，冬无严寒。但这里淡水资源缺乏，需要人工拦蓄雨水。

现在蛇岛上已经形成了以蛇为中心的较为完整的生态系统：蛇吃小鸟，小鸟吃昆虫，昆虫吃植物，

植物以鸟粪为肥料，鹰等猛禽和褐家鼠则是蛇岛蝮蛇的天敌。据我国科学工作者调查统计，20世纪50年代中期，蛇岛上有黑眉蝮蛇5万～10万条，可是1958年6月蛇岛发生了一场大火，蛇岛植被几乎全部被破坏，蛇也被大量烧死、烤死，蛇资源遭到严重损失。现在为了保护岛上蛇类，国家成立了蛇岛—老铁山国家级自然保护区，并成立了观察站对黑眉蝮蛇进行科学地利用和保护，以使其健康发展（黑眉蝮蛇蛇毒是宝贵的药用资源，用它制成的药剂对治疗各种神经肌肉、心血管等疾病有很好的疗效）。

西部渤海湾海区共有岛屿110个，占渤海岛屿总数的40.4%，这些岛屿均较小而且全部为冲积岛，包括曹妃甸、石臼坨、月坨、哈坨，曹妃甸诸岛是这一地区的主要岛屿。

曹妃甸是渤海唐山湾内一个离岸18千米的古老沙岛，至今已有5500多年的历史。关于曹妃甸地名的由来还有一个凄美的传说。此岛本是一个无名小岛，唐王李世民东征高丽时，有一名叫曹娴的妃子，曹妃不但妩媚多姿，而且具有很高的文学艺术修养，歌舞诗画无所不能，深得唐王喜爱。然而由于曹妃操劳过度，竟一病不起，后死于今曹妃甸岛上。李世民痛失爱妃，伤痛不已，遂下令在岛上为曹妃建三层大殿，并赐名曹妃殿，小岛亦因此而得名。当然，这只是一个传说，至于此岛名称的真正来源无从查考。

曹妃甸位于我国河北省唐山市南部的70千米处，距滦南县城63千米，距大陆最近点17千米。岛屿总面积为16平方千米，土质以沙为主。

曹妃甸主要受大陆性季风气候影响较为明显，属暖温带半湿润季风气候。极端最高气温36.3℃，极端最低气温－20.9℃，多年年平均气温是11.4℃。多年年平均降水量为554.9毫米，最大年降水量为934.4毫米，最大一日降水量为186.9毫米。降水主要集中在夏季，6月～9月的降水量约占全年降水量的74%。

　　曹妃甸地区冬季盛行偏西北风，平均风速为每秒5.1米；春季和夏季盛行偏南和东南风，平均风速为每秒5.1米和每秒6.6米；秋季多偏西南风，平均风速为每秒4.9米。由于它处于内海海域，所以受台风影响较小。

　　曹妃甸周围海域的潮汐性质系数为0.77，属不正规半日混合潮。其运动形式基本呈往复流形式。这种流向形式与该岛海底地形有密切关系。浅滩外侧与海岸线基本一致，涨潮时的流向在曹妃甸甸头西侧向西而略偏北，东侧向西略偏南；落潮流向则反之，在甸头以西流向东略偏东南，甸头以东流向东和东北。

　　曹妃甸海域的常浪向为S，频率10.87%；次常浪向为SW，频率7.48%；强浪向为ENE，最大波高4.9米，该方向波高H4%≥1.5米的出现频率为1.63%；次强浪向为NE，最大波高4.1米。

　　"面向大海有深槽，背靠陆地有滩涂"，是曹妃甸地理特征和优势的写照。这种条件为大型深水港口和临港工业的开发建设提供了有利的条件。现在的曹妃甸港区西南及南侧水深条件优越，岛前10米等深线距零米等深线200米～500米，岛前500米水深可达20米～30米，而且25米水深水域向东直通渤海海峡。曹妃甸的平均标高为2.0米以上，最高处为3.0米以上，中间有标高为0.6米～2.7米的大面积浅滩。由于港区气象、水文、地质条件有明显优势，所以开发建设易于展开。根据目前的地理及水深条件，已经可供开发25万吨级多专业、多用途泊位群体，其中包括进口大宗散货专用码头及中小吨级中转疏运和散杂码头组合配置。曹妃甸岛后方有开阔的滩涂并与陆域相连，低潮时面积达30平方千米，零米水深线面积达150平方千米，为环港产业布局和城市的开发建设提供了广阔的土地资源。这一港区处于环渤海经济圈的

前沿，对于改善京津唐地区的产业配置和改善环渤海深水港口的布局具有重要意义。

莱州湾岛屿全部隶属山东省。除依岛和桑岛为基岩岛外，其他岛屿均为冲积岛。该海区共有42个岛屿，占渤海岛屿总数的15.4%。

桑岛是位于烟台龙口市的一个海上小岛，因火山喷发而形成，面积为2.5平方千米。岛上有居民1000余人。桑岛的得名有若干说法，一种说法是岛屿的形状酷似桑叶，故名；另一说是岛上原来种满了桑树，所以取名桑岛。

桑岛上是一排排的渔村和参差分布的渔家小院。岛上居民以从事渔业为主。此地出产的海参闻名全国。改革开放以后，这里的旅游业逐步发展起来，现在已开发了综合性的旅游区。

渤海海峡岛屿群是渤海海区岛屿分布较为集中的地区。本区的岛屿全部为基岩岛，共有32个岛屿，占渤海岛屿总数的11.8%。主要岛屿有北隍城岛、南隍城岛、庙岛、北长山岛、南长山岛、大黑山岛、小黑山岛、砣矶岛、大钦岛、小钦岛等。

北隍城岛位于黄海与渤海的交界处，行政上隶属于山东省烟台市长岛县北隍城乡，与旅顺口区隔海相望。岛屿面积2.72平方千米，居民有八百多户。岛上的最高峰为灯塔山，海拔是180米。林木覆盖率达56%，植被覆盖率达95%以上。岛海一体，景色宜人。该岛海产品资源极为丰富，有海参、鲍鱼、海胆、海米等营养价值很高的特产。

庙岛，自宋代起称为沙门岛，是流放囚禁犯人的地方。清代道光年间由青州府迁民建立村社，始称为庙岛。岛上居民以王姓和金姓居多。1949年设庙岛乡，1958年成立庙岛大队，1962年属北长山公社。1984年建立行政村，属北长山乡，1985年4月建立庙岛乡，2001年3月属北长山乡。除南面外，庙岛周围还有一些小的岛屿，其分布呈半圆形，合围成一个塘湾，古称庙岛塘。

海市蜃楼是在庙岛旅游景观中最为罕见的景象。海市蜃楼是一种因光的折射而形成的自然现象。它也简称蜃景，是地球上物体反射的光经大气折射而形成的虚像。古人认为是蛤蜊之类的蜃吐气而成的楼台城郭，因而得名。夏季，是前往庙岛一睹海市蜃楼奇景的最佳季节。如果幸运的话，就可以观赏到传说的海上奇景了。

庙岛不仅有丰富多彩的海上美景，周边海域还有众多的名优特产。由于庙岛恰好处于渤海和黄海之间，是多种鱼虾洄游的必经之地，所以仅有名的经济性鱼类就达二十多种。对虾、鲅鱼、鲐鱼、刀鱼、鲈鱼、鲳鱼、鲆鲽、黄花、螃蟹都在全国享有盛名。

同时，庙岛海域辽阔，港湾众多，因此成为海带、紫菜、裙带菜和贝藻生物生存的沃土。被誉为海味之冠的鲍鱼，更是以其肉质细嫩，味道鲜美而名扬世界。这里的海参和海胆自古以来就被视为海中珍品。

大黑山岛是渤海长山列岛中的一个火山岛，位于群岛的最西端，是长山列岛中面积比较大的一个岛，约7.47平方千米。东面靠近北长山岛和庙岛的海面上，有一黑山岛与其相伴，距南长山岛约5.6千米。大黑山岛的地貌以山地为主，平地极少。岛上有大黑山、老鹰窝和鞍桥山三个主要的山头，其中大黑山是全岛最高点，海拔约140米。蝮蛇、古墓和燧石是大黑山岛的三个著名景观。

由于大黑山岛是山地地形，岛上山石嶙峋，草木丰茂，所以这里便成了蛇类的乐园。岛上蝮蛇的头部呈三角形，身体呈灰褐色，且多有斑纹。每年7月~9月三个月份中，大黑山岛蝮蛇遍野，

可谓是我国除大连老铁山附近的蛇岛之外的另一个蛇岛。据估计,大黑山的蝮蛇总数已超过一万条,可称为我国的第二大蛇岛。

大黑山岛上存有多处古墓葬和大量古代文物,是大黑山岛上的又一景观。考古研究表明,距今5800年的北庄母系氏族社会村落遗址,为我们生动地描绘了沿海先民的生存和生产方式。"北庄遗址"为一处新石器时期的村落遗址,其最下层距今6500年,最上层也有3900年左右。发掘出房屋基址九十余座,房基系圆角方形或方形半地穴式,面积一般为20平方米~30平方米,最小者4平方米,最大者约70平方米,木桩为骨架,黄泥为墙,干草苫顶。在考古史上与闻名中外的西安半坡文化遗址齐名。现在已发掘出四十多座房屋遗址和两座30人~40人的合葬墓,以及各个时期的大量文物,就其数量和质量而言,均已超过了西安半坡遗址。大黑山也被誉为"东方历史奇观",由于其与西安半坡遗址属同一时期,所以被专家们称为"东半坡"。

此外,大黑山岛上的燧石也名闻天下。经过人工打磨加工之后,这些燧石可作为大型高档建筑的装饰品。

第二章

半封闭的浅海——黄海

■ 启东：南黄海黄金海滩

黄海得名于其浅黄色的海水，流入黄海的河流使海水中的悬浮物质增多，并呈现出淡淡的黄色。直到今天，奔腾而下的黄河每年仍注入黄海大量的沉积物。中国沿岸主要有鸭绿江、淮河、灌河等，朝鲜沿岸有大同江、汉江等。

黄海是一个近似南北向的半封闭浅海，它在西北以辽东半岛南端老铁山角与山东半岛北岸蓬莱角连线为界，与渤海相联系，北部接中国辽宁省和朝鲜平安南、北两道，东与朝鲜半岛为邻，东南至济州海峡西侧并经朝鲜海峡与日本相通，西滨中国山东半岛和苏北平原，南以中国长江口北岸启东嘴与济州岛西南角连线为界，与东海相连。山东半岛成山角至朝鲜半岛长山串一线是黄海最窄处，以此为界，黄海被分为北黄海和南黄海两部分。其中北部平均水深 38 米，南部 46 米，平均深度 44 米，最深处为济州岛北面，为 140 米。黄海面积远小于东海和南海，约 38 万平方千米，东西宽约 555.6 千米，南北长约 870.4 千米。海底地势由北、东、西三面向黄海中央及东南方倾斜，但坡度不大，平均坡度为 1′21″，地势比较平坦，南部地势向东南倾斜，但存在几个水下小岩礁，如苏岩礁、虎皮礁等，它们与济州岛连成一条东北向的岛礁线，构成黄海与东海的天然分界线。

一、地质构造

构成黄海海区基本构造格局的是一系列北东走向的隆起和沉降带相间排列的构造单元，表现为两个主要的地质构造带——北黄海—胶辽隆起和南黄海—苏北沉降带。

其中，北黄海与胶辽隆起具有相近的构造，北黄海西半部的海底隆起是胶辽隆起在海中的延续。该隆起在北黄海，自北向南又

■ 大连：海洋岛第四纪土层 国家海洋局提供

可以分为三个次一级的构造单元，分别是海洋岛隆起、北黄海盆地和刘公岛隆起。其中胶东文登隆起深入北黄海南部，形成刘公岛隆起；辽东登沙河隆起，在北黄海的延伸形成海洋岛隆起；两个隆起之间为北黄海盆地。在北黄海地质演化过程中，发生了剧烈而频繁的断裂构造，形成了复州—大连—蓬莱断裂、鸭绿江—烟台断裂、清川江—成山角断裂、芝罘断裂和海州断裂；前三个断裂大致呈东北—西南走向，后两个则呈西北—东南走向。北黄海的覆盖层不同于南黄海，基底由前寒武纪结晶片岩、片麻岩、大理岩、石英岩等中生代以前的变质岩系组成。基底之上则属中生代和新生代沉积盖层。中生代时，基底遭到断裂破坏，有侏罗系和白垩系陆相碎屑岩和火山岩系堆积；新生代地层则发育缺失，目前有的地方甚至有基岩裸露海底等地貌现象，这正说明地层有所缺失。因此，总的来说，北黄海盖层不发育，仅有中生代和新生代孤立小盆地

分布在隆起上，并在北黄海地质构造上长期保持稳定。

南黄海与苏北坳陷带连为一体，具有相一致的地质构造过程，属于坳陷性质，构成一个具有复杂地质构造特征的大型中生代和新生代沉积区——南黄海断陷盆地。由于受到断裂构造的影响，南黄海盆地中形成了海州—响水口断裂、涟川—盐城断裂、公州—海安断裂、绍兴—木浦断裂、苏东沿海断裂等。南黄海的构造区划自北而南又可分为次一级的千里岩隆起区、南黄海北部盆地、南黄海中部隆起区、南黄海南部盆地和勿南沙隆起区。

千里岩隆起大致位于南黄海北部，南北黄海的分界位置，属胶东隆起的南黄海延伸。与北黄海基底和盖层的特征相似，主要由前寒武纪变质岩系的基底构成其主体，并呈北东走向，其南部则是 300 米～500 米厚的基岩隆起；沉积盖层缺失，中生代沉积及火山岩系发育零星，且仅发育在断陷内。千里岩隆起带还有较为发育的断裂，大致可以分为北东、东西和北西三组断裂走向，并以北东向为主，断裂带内还发现有岩浆岩侵入等现象。

南黄海北部盆地，位于南黄海北部千里岩隆起和中部隆起之间，是中新生代断陷，坳陷盆地；盆地内又发育有以北东东向为主的断裂。其下又有次一级构造单元，包括大明湖坳陷、千佛山隆起、珍珠泉坳陷等，面积分别为 30560 平方千米、1710 平方千米和 11840 平方千米。其中，中北部的大明湖坳陷，是一个深厚的大型中新生代复合坳陷，并有由西南向东北下倾、沉积加厚和坳陷变宽的趋势，具备良好的生油和储油条件。千佛山隆起，是一个位于盆地西部的、东西长度约 90 千米，南北宽 30 千米的较小隆起，主要由前寒武纪变质岩和中生代岩浆岩构成。珍珠泉坳陷，是一个位于盆地西南部的中新生代复合坳陷，内部凹陷发育多样，第三系厚度可达 6000 米。

中部隆起区，大致呈东西向，位于北纬 33° 30′ ~ 35° 0′ 之间，属苏鲁隆起的海上延伸。正是它将南黄海坳陷进一步分为南黄海的南北两大盆地。中部隆起属中古生代隆起，但古生界地层普遍发育，中生界则断续在个别凹陷部。

南黄海南部盆地，是中部隆起和勿南沙隆起之间的坳陷，为苏北平原在海上的延续，构成苏北南黄海盆地。其大致范围为北纬 33° ~ 34°，东至东经 123° 附近，面积约 2.8 万平方千米。坳陷内部呈现南深北浅的地形特征，具有深厚的新生代沉积，是黄海石油远景区之一。它又可以分为台东坳陷、小海隆起、盐阜坳陷、金子沙隆起和太湖坳陷等五个次一级构造单元。其中台东坳陷位于盆地的最南部，其主体位于苏北平原，海区仅占较小的部分；台东坳陷还有厚度达 4000 米 ~ 5000 米的新生代沉积。小海隆起位于台东坳陷以北，其边缘发育有断裂构造，地层由中生界和上古生界构成。盐阜坳陷位于小海隆起北部，大致呈东西走向，没有深厚的新生代沉积。金子沙隆起大致位于盆地中部，呈南东走向，边缘张性断裂非常发育，主要由中生代地层构成。太湖坳陷，是金子沙隆起东部和北部的坳陷带，面积 8780 平方千米，约占南黄海南部盆地的一半。尽管他们都处于南黄海坳陷内，但与苏北连为一体的南黄海南部盆地的地质构造与自成体系的北部盆地还是有较大差异。

勿南沙隆起是黄海最南的构造带，北面接南部盆地，并呈断层接触；隆起走向大体为东西向，中生代、古生代之上直接为中新世以来的沉积所覆盖，个别地层缺失，如下第三系发育于几个小坳陷内；隆起区内新生代断裂活动强烈。总的来说，南黄海坳陷范围内的隆起带，除南部基岩裸露外，其他均表现为被新第三纪地层覆盖，并常缺失老三纪及海上第三系沉积加厚的特征。

黄海地质构造带的形成，主要受到包括断裂构造和地壳运动

在内的地质构造活动等内部因素和包括海流、海陆变迁形成侵蚀、堆积等外部因素的影响。其中黄海断裂构造包括岩石圈断裂、地壳断裂、基底断裂及盖层断裂等多种类型的断裂，并呈现出多时期、多级别共存和多方向的特点。地壳运动则是由于受到太平洋板块和欧亚板块的相互作用，使东亚陆缘的黄海地区发生了复杂的构造发育。剧烈的地质构造运动之后，海流侵蚀、沉积、搬运、海平面的上升和下降等因素，又进一步塑造了黄海海底的外貌，与各种地质构造活动共同形成了今天的黄海地貌特征。

黄海拥有丰富的自然资源，一般来说，我们可以将黄海自然资源分为如下几种：油气资源、矿产资源、海盐资源、生物资源等。

在我国已经查明的渤海、北黄海、南黄海、东海、冲绳、台西、台东、台西南、珠江口、琼东南、莺歌海、北部湾、管事滩北、中建岛西、巴拉望西北、礼乐—太平和曾母暗沙—沙巴盆地17个新生代沉积盆地中，北黄海和南黄海赫然在列。这些盆地都具有面积大、沉积厚、有机质丰富、储油层发育良好等特点。

据国外相关资料估计，黄海的石油储量约为7.47亿吨，其中南黄海的油气前景远好于北黄海。北黄海中新生代地层发育不完整，且其区域内为长期隆起的地壳，沉积厚度小于1000米；而南黄海北部和南部分别3.9万平方千米和2.1万平方千米的区域范围，中新生界沉积厚度分别超过了4000米和5000米，从地质条件上已完全具备产油的可能，并在理论上应该具有多层系、多类型的特点。此外，南黄海盆地与陆地构成苏北—南黄海盆地，面积约达 8.7 万平方千米，其中古生代、中新生代沉积层一般厚度为 5000 米～6000 米，最厚达到了 8000 米～9000 米，盆地有可储油气的构造圈闭达四十多个。可以说，南黄海海域是我国在海上进行油气资源评价最为有利的区域之一。

然而，黄海却是目前我国近海尚未找到油气田的唯一海域。新世纪以来，相关单位组织对黄海区域重新调查，基本查明了北黄海调查区内中新生代地层的分布情况；发现南黄海区内中古生代海相地层分布广泛，具备雄厚的烃源岩基础和晚期生油气条件；同时，在南黄海北部坳陷区，发现了有利于油气聚集的中古生界多类型局部构造，发现尖峰北盆地和笔架盆地一带发育巨厚（超万米）中生代地层，最后肯定了南黄海作为我国海上油气重要产区的前景。相信在不久的将来，黄海一定会产出第一桶油，并为国家建设提供相应的能源支持。

矿产资源

除海洋油气资源等特殊的能源型矿产资源外，在滨海地区，还有大量的砂矿资源。山东和辽宁两省位于黄海的滨海区域，是我国北部滨海砂矿分布较为集中的区域，次于广东、海南、广西和福建滨海地区，不同于河北、江苏和浙江三省分散、低品位的区域，具有较好的开发前景。

黄海沿岸滨海砂矿区，主要包含辽东半岛北黄海沿岸锆石与砂金矿带、山东半岛北黄海滨海石英砂矿带、山东半岛南黄海滨海锆石矿带，此外，这一矿区还含有大量的钛铁矿、磁铁矿和金红石等。在南黄海滨海区域，主要有硅酸盐类的普通角闪石、绿帘石、石榴石、透闪石、角闪石、阳起石、黝帘石、锆石、电气

石等；氧化物类的磁铁矿、赤铁矿、褐铁矿、钛铁矿、钛磁铁矿、白钛石、金红石、锐钛矿等；硫酸盐类的磷灰石、硫化物及硫酸盐类黄铁矿、胶黄铁矿以及碳酸盐类菱铁矿等。这一区域的砂矿来源，一方面与原来两条巨大的河流有关，古黄河和古长江对陆地的冲刷带来了大量的沉积物，另一方面各种地质与水流动力的作用也共同为其形成发挥了作用。

但长期以来的粗放式开发方式，不但造成了资源的浪费，而且极大地破坏了环境，比如沙滩下蚀、岸线后退、近岸海域生态环境恶化等，甚至还导致部分地区不可逆转的海岸环境破坏。为了更好地评估和开发，国土资源部 2004 年开始对渤海、黄海、东海和南海沿海滨海区域进行系统的调查和信息管理工作，并取得了一定的成效。目前，包括滨海砂矿在内的沿海矿业发展呈稳定的态势，仅山东一省沿海矿业总产量就于 2008 年、2009 年和 2010 年分别达到 3308591 吨、3423889 吨和 4257157 吨。黄海滨海矿砂有望得到进一步有序开采。

海盐资源

海盐的生产，一般需要有合适的气候和地理条件：宽阔平坦的滩涂为海盐的晒制提供空间条件；良好的气候可以更好地满足海盐生产所需的晒制要求；煎制海盐的薪柴等基础燃料也是必不可少的。淮河以北的沿海平原区域和连云港以南的苏北沿岸，都有不少良好的海盐生产滩涂，特别是淮河以北的平原海岸，因滩涂面积大、降水量小、蒸发量大而更有利于海盐的生产。

辽宁地区的盐场主要集中在渤海沿岸，但在黄海沿海还有大连皮口和金州等较大的盐场，这里出产的海盐具有较高的品质。山东胶州湾与江苏北部的淮北盐场，是目前我国黄海滨海地区重要的

 黄渤海伏季休渔期结束　渔民出海捕鱼

海盐产地。苏北盐场又称两淮盐场，主要分布在江苏省长江以北的黄河沿岸，其中在淮河以北的叫淮北盐场，以南的称淮南盐场。苏北盐场包括大小 19 个盐场，每年生产原盐总量很大，是我国四大盐场之一。2010 年江苏一省海盐产量就达到了 149.91 万吨。山东是我国产盐的大省，在黄海区域，海盐生产区主要是胶州湾周边地区，青岛东风盐场和东营盐场是这一地区著名的海盐生产基地。

生物资源

黄海渔区是我国重要的渔业产区。由于特殊的地理位置，这里既有暖流流入，又有沿岸流和冷水团常年存在。这种特殊的洋流条件，给黄海带来了丰富的渔业资源。这里以暖温性鱼类为主，同时还有暖水性和冷温性鱼类。此外，还有丰富的虾、蟹甲壳类和乌贼、蛤、螺等软体动物。大黄鱼、小黄鱼、带鱼、鳕鱼、银鲳、蓝点鲅、鲐鱼、黄鲫、对虾、鹰爪虾、中国毛虾、日本枪乌贼、黄姑鱼、白姑皮鱼、氏叫姑鱼、黑鳃梅童鱼、棘头梅童鱼、海鳗、绿鳍马面鲀等都是黄海常见的渔业品种。这里还形成了几个规模较大、鱼汛较为稳定的渔场。

石岛渔场是山东石岛东南黄海中部海域的著名渔场。该渔场具备良好的区位优势，地处黄海南北要冲，由于是多种经济鱼虾类洄游的必经区域，且是黄海对虾、小黄鱼越冬场之一和鳕鱼的唯一产卵场，因此渔业资源十分丰富，为我国北方海区的主要渔场之一。渔场主要渔期是10月至次年6月，主要捕捞对象是黄海鲱鱼（青鱼）、对虾、枪乌贼、鲜鲽、鲐鱼、马鲛鱼、鲥鱼、小黄鱼、黄姑鱼、鳕鱼和带鱼等。

大沙渔场是黄海的优良渔场之一。它位于黄海南部，处于黄海暖流、苏北沿岸流及长江淡水交汇处，不但浮游生物繁茂，而且是多种经济鱼虾类的越冬和索饵场所。每年春季5月份都会形成以马鲛鱼、鲥鱼、鲐鱼等中上层鱼类为主的大沙渔场的春汛。每年7月～10月，由于索饵带鱼和其他经济鱼类如黄姑鱼、大小黄鱼、鲳鱼、鲥鱼、鳗鱼等在此索饵，所以又形成了一个渔汛。冬季，小黄鱼与其他一些经济鱼类仍在此越冬。

吕四渔场是我国著名的沙洲渔场。它位于黄海西南部，西邻苏北沿岸，东连大沙渔场。大陆上大小河流带来的丰富营养物质与沿岸低盐水系和外海高盐水系的混合作用，再加上其水浅、地形复杂的特点，共同构成了大黄鱼、小黄鱼产卵和幼鱼索饵及生长的良好条件，成为黄海和东海最大的大黄鱼、小黄鱼产卵场。

但由于拖网等现代作业手段的普及，我国近海海洋已然不再那么生机十足，过度捕捞已经成为我国渔业发展的桎梏。

除渔业资源以外，黄海还有丰富的海底植物资源。在我国渤海以南到长江口以北的沿岸海域，除了有浒苔、二叉仙菜、缘管浒苔、萱藻、海蒿子、鼠尾藻等外，还有藓羽藻、酸藻、海带、条斑紫菜、根枝藻、刺松藻、囊藻、绳藻、裙带菜、石花菜、海萝、江蓠等，冬春时还会有袋礁膜、尾孢藻等，夏秋间则有海蕴、网翼藻、团扇藻等。浮游生物也是黄海海域生物的重要组成部分，是食物链的基础，同时也与海洋环境和人类有着密切的关系。黄海区域的浮游生物种数由北而南逐渐增多。除纤细角毛藻、小拟哲水蚤、真刺唇角水蚤、强壮箭虫等品种外，在山东沿岸还有中华半管藻、腹针胸刺水蚤，苏北沿岸则出现了刺冠双凸藻、刺尾歪水蚤、匙形长足水蚤。而在黄海东南部海域，夏秋两季，还有异角毛藻、精致真刺水蚤、中型莹虾、肥胖箭虫等热带浮游生物。

此外，海水养殖业也是黄海生物资源的重要组成部分，既包括鱼类和甲壳类养殖，也包括植物类养殖。以江苏省为例，其海水养殖面积于2010年已经达到192426公顷，其中海上养殖面积为41971公顷，滩涂养殖是114621公顷，其他形式的养殖达35834公顷。海水养殖业已然成为海洋捕捞业的有力补充。

广阔的黄海，是一座蕴藏无尽资源的宝藏，除了我们文章所谈及的各种资源外，还有各种海洋能源，如潮汐能、波浪能、潮

流和海流能、海水温差能、海水
盐差能、风能等。目前，我国已
在多个领域取得巨大进展。

三、气候和水文

　　我国包括黄海在内的四个
海，是位于亚欧大陆东南部和西
太平洋的边缘海，处于季风区
内，其气候特征在一年周期内随
季风变化而变化。尽管因海区面
积和地理位置的缘故，黄海盛行

■ 威海：石岛风化石　国家海洋局提供

季风不如南海显著,但不影响其具有季风性气候的一般特征。

受季风影响,黄海的气候一般表现为冬季寒冷干燥,夏季温暖潮湿。冬季(10月~次年3月),亚洲大陆为冷性高压所盘踞,在高压前缘的偏北气流影响下,黄海盛行偏北风,北部多为西北风,平均风速为每秒6米~7米;南部多北风,平均风速为每秒8米~9米;并在冷空气或

寒潮、强冷空气的入侵下，黄海沿岸气温会下降到 10℃ ~ 15℃。夏季（6月~8月），由于亚洲大陆为热低压所控制，同时，太平洋高压西伸北进，高低压之间的偏南气流使黄海地区盛行南到东南风，平均风速每秒 5 米~6 米；此外还常受来自东海北上的台风侵袭，大风主要因台风而产生。春秋两季为过渡性季节，风向不稳定，各项气候特征开始过渡。

影响黄海气候的主要天气系统有冷高压、温带气旋、热带气旋等，这些因素造就了黄海区域内风、浪、雾、降水、气温和水温的基本特征。

黄海的风，一般来讲，比渤海海峡、东海和南海北部等都要弱一些，年平均风速约每秒 6 米，其中 12月~次年 2月是黄海风速最大的时期，大部分区域的风速都接近或超过了年平均风速；而 5月~8月则是风速最小的时期，大概为每秒 4米~5米。就区域来讲，风速最大的是东南部济州岛附近，年均达到每秒 7米；中部和西部则稍次之，年均风速每秒 6米；北部和东部海域，则相对来说是最为平静的，年均风速分别只有每秒 5.4 米和每秒 5米；而造成黄海大风（大于等于 8 级）的主要因素，则是冷空气活动以及热带和温带气旋的活动，在它们的作用下，黄海在 12月~次年 2月间发生大风的机会要大于其他时期，而 5月~8月发生大风概率则小很多。据统计，即便在发生大风概率最大的 1月~2月，年均风速最大的济州岛海域发生大风的概率也仅有 5%。黄海最大风速在不同区域分别为，北部每秒 30 米~35米，中部为每秒 35米~40米，济州岛附近最强台风风速为每秒 50米~70米。

海浪

大海中，风和浪往往是紧密联系在一起的。12月~次年1月是黄海风力最为强劲的时期，相应地这时期的浪也比平时大，其中中部和东部海区常略高于黄海年平均波高（1.5米以下；波高即相邻波峰到波谷的垂直距离），而西部和南部海域则要在1.0米~1.5米之间，北黄海则更是常在1米以下；3月黄海波浪开始减弱，沿岸往往在1米以下；4月~6月则进一步减弱，平均高度只有0.8米~1米；但受季风的影响，南来涌浪增大，7月~9月黄海平均波高再次增大到1米以上，却也常在1.5米以下；黄海东南部的济州岛附近由于海风较大的关系，海浪也随之高涨，10月~11月常达1.5米左右。大浪也常伴随着冬夏间的大风出现。伴随着冬季大风的出现，高于2.5米的大浪在黄海发生的频率也随之增加，在11月~次年2月达到了20%，黄海中部的大浪在冬季发生的机会也达到了20%，而且持续四五个月之久；而济州岛附近海域，由于受到热带气旋的作用，在6月~9月，特别是7月间，由于北上黄海和渤海的热带气旋频率增加，这一区域与黄海中部发生大浪的概率也大大增加。此外，大浪等还常常出现在沿岸壁角区域，比如成山头外海，冬季和夏季，风浪都往往强于该海域的平均值。

海雾

海雾是黄海常见的天气形式，而黄海海雾的范围又是我国四个海域中分布最广的，有时整个海域都被雾笼罩。一般来讲，黄海海雾多出现在东西两岸，黄海中部则相对较少。除与东海交界处的春季雾区相连外，黄海海域主要有青岛近海、成山头近海、

■青岛：大雾天气　属于平流海雾

鸭绿江口至江华湾、西朝鲜湾、大黑山岛附近五处相对多雾的区域。其原因可能与那里深层冷水涌升有关。据统计，黄海西岸的年平均雾日为 20 天～30 天，黄海北部主要是石城岛以东区域的北部沿岸则为 31 天～48 天，其中大鹿岛最多为 48 天。海雾出现的时间，主要集中在 4 月～8 月，其中黄海中部的多雾期主要在 4 月，时间大概为 10 日；5 月相对于 4 月，变化不大；6 月份，多雾区域开始北移，黄海北部由 4 月、5 月的 4 天～5 天，增加到 10 天左右，成山头甚至接近 20 日；到了 7 月，北部海区雾日继续增多，成山头可以达到 25 日，成为全年海雾日最多的时期；南部海区逐渐减少；8 月，雾在整个黄海的发生概率明显减少；9 月，海雾基本在黄海消失。同时，相关统计表明，虽然总趋势一致，但沿岸和岛屿区域比开阔海面出现雾的次数要多 10%～20%，成山头更是比相应海域多出 50%～60%。海雾的出现，严重影响了海上能见度，为海上交通安全带来巨大隐患。

降水、气温和水温

降水是衡量地区气候的重要因素之一，而纬度、地形、季风和各种天气系统等因素的共同作用，造成了海区间降水量分布的差异。黄海年降水量约在 700 毫米~1100 毫米之间，其中中部和南部等低纬度海域，春夏季节受海洋气团影响较大，气旋活动频繁，台风较多，容易带来降水；西北部 7 月~8 月为雨季，占年降水量的 40%，而 12 月~次年 3 月降水则极少；西部沿岸区域，由于夏季水温低于气温，对流较弱，因此降水量较少；而近岸，特别是山地和丘陵区域，夏季由于海上吹来的暖湿气流受到抬升，降雨量较大。

同样不能忽视的是黄海的气温和水温。黄海气温分布一般随纬度的增加而降低，特别是在冬季，东南部和中部要比北部温度高，而沿岸地区一般比同纬度海区温度低。此外，黄海的温度还受到洋流的影响，在台湾暖流和西部沿岸寒流的影响下，1 月，黄海和东海交界处的平均气温，东侧要比西侧高 $1℃~3℃$，平均气温为 $6℃~7℃$；7 月，黄海南北温度差异变小，平均气温为 $22℃~25℃$。黄海的气温还与海水温度进行交换，发生相互影响。受阳光照射时间、角度和海水吸热、散热以及洋流等因素的影响，12 月~次年 2 月的黄海水温高于气温，并于 3 月开始变化，西侧气温高于水温，东侧水温则高于气温，4 月~8 月黄海气温普遍高于水温且温差较小。一般来说，黄海平均气温 1 月最低，为 $-2℃~6℃$，南北温差达 $8℃$；8 月最高，全海区平均气温为 $25℃~27℃$。

总的来说，黄海北部及西北部沿岸区域，由于受到更多大陆因素的影响，表现为温带季风性气候特征；中南部则更多表现出热带季风气候的特点。冬半年，即 10 月~次年 4 月，冬季风盛

行；夏半年，6月~8月，夏季风盛行；5月和9月则为二者的过渡时期。黄海区域内的气候因素尽管在一定时间内体现为一般性的趋势，但在空间上各因素则略有差别，比如，由于受到黄海东部黑潮分支的影响，黄海东部海域在冬季的气温和水温普遍高于西侧，因此我们无法提供一个黄海气候的一般模型，只能尽可能地描绘出一个黄海气候的大概图景。

四、主要岛屿

黄海范围内的岛屿，是我国海域内岛屿的重要组成部分。就数量来讲，黄海的岛屿数量居第三位，次于占岛屿数量66%的东海和25%的南海，而多于渤海。据统计，黄海岛屿共有433个，主要分布于黄海北部和中部（靠近我国大陆一侧）以及渤海海峡，且多为陆域面积在30平方千米以下的小岛，岛屿表现为大陆岛，以群岛形式分布在辽宁省、山东省和江苏省，其中江苏省分布数目最少。以山东省成山角与朝鲜半岛长山串之间的连线为界将黄海分为南、北两部分，其中北黄海分布着282个岛屿，南黄海为151个。黄海海区的海岛气候，与渤海相似，一年之内四季分明：冬季，严寒、少雨雪；春季，冷暖多变、多风少雨；夏季，高温差、湿度大、降水多；秋季，风和日丽。

辽宁省的黄海岛屿

辽宁省濒临黄海和渤海，共有岛屿266个，其中黄海海域岛屿225个。其黄海北部的主要岛屿包括构成长山群岛的大鹿岛、石城岛、王家岛、平岛、黑岛、三山岛、东西褡裢岛、獐子岛、大长山岛、小长山岛、海洋岛、广鹿岛等。长山群岛还可以分为外长山列岛（包括海洋岛、獐子岛、褡裢岛、大耗子岛、小耗子岛和南沱子岛等）、里长山列岛（包括大长山岛、小长山岛、广鹿岛及葫芦岛）、石城列岛（包括石城岛、大王家岛、小王家岛、寿龙岛和长沱子岛等）三个列岛，其中石城岛最大，海洋岛最高。獐子岛上海拔 13.3 米的大莫顶是我国领海基点岛。

大鹿岛，陆地面积 6.6 平方千米，海拔 189.1 米，位于我国黄海北部，北纬 39°45′，东经 123°44′。为东港市孤山镇所辖的村级建制，岛上居民约 3000 人。其得名，说法不一：有说是因该岛早年曾有大角鹿栖息而得名；有说该岛远看形若横卧海上的巨鹿，故称为大鹿岛。

就其自然因素来讲，岛上地势起伏，东、西、北三面均为陡峭的石崖，唯有南面是细砂松软的沙滩。岛体主要由石英岩和云母片岩等构成，土壤为沙土、黄粘土。岛上气候温润，冬无严寒夏无酷暑，气候宜人，海风轻飘，云雾缭绕，年平均气温为 8.4℃；年降水量为 820 毫米～1080 毫米，且淡水充足，水质良好，适宜居住。

岛内外动植物资源十分丰富，以花、鸟著称，被称为海上百花园、海上百鸟岛。漫山遍野的野花每到春夏之交，必然如期赴约，将这里装扮成花的世界，各种鸟类也为这里带来了勃勃生机，使这里成了一座海上花鸟园。周边海域中，各种鱼虾资源也十分丰富，盛产鲅鱼、鲆鱼、马鲛、对虾等；各种贝类如文蛤、杂色蛤、牡蛎、蛏子、香螺等点缀着沙滩。海水养殖业在这片优良的海域得到了良好的发展。

大鹿岛是一个战略要地，同时还有大量的历史遗迹。大鹿岛自明朝以来日趋兴旺，明代末年，辽东总兵毛文龙曾驻守该岛，他率众将士立下"日恢复金辽，吾侪赤心报国"的誓言，岛上立

■ 东港：大鹿岛风光

有碑碣，世称"毛文龙碑"；此外，主峰上明代的旗语台、西山上的明代炮台、山巅海滨之间的石砌马道以及发掘出土的大刀、头盔、炮弹等，无不显示了该岛曾是兵家重地；1894年9月17日，是一个具有深远影响的日子，当时世界为之震动的中日甲午海战，就发生在濒临该岛的南部海域。爱国将领邓世昌指挥的"致远号"等战舰，在这里奋勇杀敌，并最终沉没在大鹿岛西南16.9千米的黄海海域。此外该岛还出土了唐代铜镜、宋代陶瓷器皿等器物；还有1626年的《重修古刹寺碑》，1628年的《新建望海寺碑记序》等碑刻。岛上各种自然和人文景观，如二郎石、嘎巴枣树、滴水湖、老虎洞、骆驼峰、邓世昌墓和邓世昌塑像、明代将领毛文龙碑、海神娘娘庙、英式导航灯塔以及丹麦教堂遗址，这些足以使大鹿岛成为著名的旅游胜地。

石城岛是长山群岛组成部分，也是长山列岛的主岛，位于大长山岛东北部，是辽宁省大连市属海岛县长海县石城乡的中心岛屿，与庄河市相距3.48千米。全岛由九个岛礁砣组成，陆地面积26.77平方千米，被称为东北第一大岛。

岛上居民80%以海域为生，20%依靠耕地生活。石城岛海域广阔，水产资源丰富，是庄河乃至辽南地区重要的海水养殖、捕捞、加工基地，主要海产品有鱼、虾、蟹、海参、海螺、赤贝、扇贝、贻贝、牡蛎、杂色蛤等；岛上也种植多种农作物，比如玉米、水稻、大豆、小豆、绿豆、花生、土豆、甘薯、高粱及果蔬。该岛基本上形成了浮筏养殖业、底播养殖业、围堰养殖业、育苗业、滩涂杂色蛤养殖业、水产品加工业等海洋经济产业。

石城岛还因其特殊的自然和鸟类资源而著名。石城岛东部0.93千米的海面上，有一座被称为"形人砣子"的岛礁。因为常年有数以万计的水鸟在这里安家繁衍，所以"形人砣子"又被称

为"鸟岛"。"鸟岛"上的水鸟很多都是我国乃至世界上极其罕见的珍稀鸟类，比如黑脸琵鹭、黄嘴白鹭、黑尾鸥、小白鹭、唐白鹭等，其中最为珍贵，名气最大的是黑脸琵鹭。这是一种世界濒危鸟类，据说目前世界上仅存一千余只，而形人砣子，正是它们在我国大陆唯一的繁殖地。为了能够更好地保护珍稀鸟类，岛上建立了监测站以便对黑脸琵鹭进行监测。与此同时，那种万鸟齐飞的场景，也成为鸟岛一道风

景线。

石城岛的另一个亮点是海上石林。这是一处在外形和规模方面都不亚于云南石林的海上石林。它位于石城岛东北部海岸边，长达 700 米。白色的蛎蝗壳一层层地将岩石包裹得结结实实，蛎蝗随着海水的上涨而生长，再经过海浪的侵蚀，这些岩石便逐渐成了今天这样形态各异、造型万千的风景。

响岛则是石城岛另一个有趣的去处。它位于石城岛西南 1.85 千米处，面积约 0.03 平方千米。岛上鸟语花香，植被繁盛，而其奇异之处在于，人们只要在岛上用力跺脚，就会听到"咚咚"的响声，响岛之名便是源于此，但造成响声的原因还有待进一步研究。

大长山岛位于长山群岛的中心，是长海县县治所在地，与哈仙岛、塞里岛和 22 个礁、砣共同组成了大长山岛镇。该岛地理位置优越，西与大连市隔海相望，陆地面积 31.79 平方千米，所属海域海况良好，水质清澈，是一个优良渔场。这里盛产鳗鱼、黄花鱼、黑鱼、大棒、鲅鱼等，还有四垄刺参、皱纹盘鲍、紫色海胆、虾夷扇贝等名贵海产，也形成了海参、鲍鱼、海胆、扇贝、象拔蚌、六线鱼及各类藻类的人工养殖产业。至于景观，这里有祈祥园、三元宫、北海浴场、建岛守岛纪念塔、双凤朝阳、核大坨国家级海珍品保护区等。

海洋岛位于长山列岛东部，呈环状，南北长 8 千米，东西宽 5 千米，面积约 19.1 平方千米，由六个岛坨和部分礁石组成，距离大陆 69 千米，距离大连港 179.6 千米，距离韩国白羚岛 181.5 千米，是我国最东端的乡级岛屿。其哭娘顶是长山列岛中的最高峰，海拔 388 米。海洋岛周边风景壮观，悬崖陡峻，礁石嶙峋。海洋岛远离大陆，雄踞黄海深处，濒临公海，岛内太平湾是天然良港和避风所。该岛地理位置十分重要，具有重要的战略价值，自古以来一直是边关要塞。甲午战争时期，日军就曾将其作为临时海军基地。海洋岛周围海域出产五垄刺海参，这种海参比普通海参多出一道肉刺且营养价值更高。闻名全国的"海洋岛渔场"即因海洋岛而得名。

獐子岛在长山群岛南部，距离大连103.7千米，距离海洋岛55.6千米左右，其面积约14.36平方千米；獐子岛大部分由辉绿岩组成，表面大体为风化层、沙石土壤和部分粘土；最高处海拔仅158.5米，南面陡峭，北面平缓，并成东高西低之势。由于獐子岛位于寒暖流交汇之处，冬无严寒夏无酷暑，全年无霜期达213天；它处于大陆架上，水深较浅，一般不超过50米；岛上阳光充足，海上水温适中，由于辽东半岛和朝鲜半岛上河流输送而来的大量腐殖质，这里浮游生物很多，十分适宜海洋生物生长。因此，獐子岛周围渔场广阔，海产资源十分丰富，海产品达百种以上，有鲅鱼、鲐鱼、鲇鱼、鲭鱼、黄鱼、墨鱼、鲨鱼、乌鱼、银针鱼、鲆鲽类、牡蛎、蚬子等，也不乏皱纹盘鲍、虾夷扇贝、海螺、海胆及寄居蟹等；而岛上也曾经獐狍成群、鱼虾扑岸，因此有"棍打獐子瓢舀鱼"之说。依靠丰富的渔业资源，獐子岛成立獐子岛渔业集团，创出了"獐子岛"商标，从而推进獐子岛渔业资源的产业化，并使其成为一个著名的富岛。

广鹿岛曾名光禄岛，是长山群岛岛屿之一，东距大长山岛25.9千米，西北距金州区猴儿石31.5千米，面积约31.5平方千米，基底由片麻岩、板岩、千枚岩构成，西南部为高丘，多陡崖，山石险峻，沟谷交错；北部低平，农产丰富；西部低洼，由旱沙带向海中深入；中部山丘低缓延绵；东北部较为平坦开阔。广鹿

■ 大连：广鹿岛黄昏

岛是最靠近大连的一个岛，素有"大连门户"之称。广鹿岛有悠久的历史，小珠山下层文化遗址是大连地区最早的新石器文化之一，距今已有6400多年的历史。

黄海海域的岛屿在辽宁省境内的还有很多，比如长山群岛的其他岛屿，还有很多无人岛，限于篇幅，不能一一述及。

山东省的黄海岛屿

山东省濒临渤海与黄海，500平方米以上的海岛共有326个。其中黄海海域海岛包括威海市、青岛市、日照市所属全部海岛和烟台市蓬莱角以东所有岛屿，大致包括芝罘所属岛屿以东黄海沿岸所有岛屿，其数目为201个，其中威海市86个，青岛市68个，日照市9个，烟台所属蓬莱角以东38个。在各市所属岛屿中，面积最大的分别是威海市镆铘岛（8.05平方千米）、青岛市灵山岛（7.66平方千米）、日照市平山岛（0.15平方千米）；海拔最高的分别是威海刘公岛（153.5米）、青岛灵山岛（513.6米）和日照车牛山岛（70.5米）；距离陆地最远的分别是威海市苏山岛（9.4452千米）、青岛市西山头（31.5千米）、日照市达山岛（48.8千米）。由此可见，山东省境内属于黄海海域的岛屿具有面积小、近海岸的特点。

崆峒岛大致位于北纬37°33′40″，东经121°30′46″，面积0.787平方千米，距陆岸5.94千米，行政上隶属于烟台市芝罘区，是烟台市区第一大岛。岛上山脉呈东西走向，位于岛的最北面，形成一道天然屏障。山后暗礁遍布，西端为西广嘴，阻挡风浪的侵袭，使主岛与马岛之间形成一处天然港湾。东南面，是一片沙滩，沙质细腻洁白；西南则是一处半月形的海湾，是天然的海水浴场；西端后坡则为绝壁，如一道城墙矗立着。崆峒岛四周还点

缀着十余个小的岛礁，有大孤岛、二孤岛、三孤岛、地流行岛、豆卵岛、柴岛、鳖岛和马岛。岛山上有一座 1866 年建的灯塔，被称为"罗逊灯塔"。岛上的海产品资源丰富，盛产海参、扇贝等名贵海产。崆峒岛还有十分丰富的海蚀地貌，在海浪的长期冲蚀下，岛上洞穴毗连，礁石林立，形成许多奇特的海蚀柱、海蚀穴、海蚀拱桥等。

养马岛位于北纬 37°28′，东经 121°37′，处烟台市东部，距牟平城 7.5 千米，是一座人工陆连岛，南部筑有拦海石堤，与陆地相连，面积约 10 平方千米，隶属烟台市牟平县。海岛丘陵起伏，呈东北西南走向，地势南缓北峭，岛前海面宽阔，风平浪静，岛后群礁嶙峋，惊涛拍岸；该岛四面环海形似扁豆。由于该岛处于东亚暖温带季风气候区，具有海陆过渡型气候的特征，故岛上气候宜人，夏无酷暑，冬无严寒，年平均降水达 716.4 毫米，年平均气温为 11.8℃，有"中国夏威夷"之称，但寒潮、热带气旋、暴雨、雷暴、霜冻和冰雹等灾害性天气也都曾经给养马岛造成过破坏性影响。岛上土壤主要由棕壤、褐土、潮土和滨海盐土等组成，植物资源丰富。岛四周水域广阔，有滩涂、浅海等，生物资源品种多，数量丰富，盛产海参、扇贝、鲍鱼、对虾、牡蛎等海产品，其中，黑刺参、栉孔扇贝、紫石房蛤被誉为养马岛"海中三宝"。自 1984 年被山东省列为重点旅游开发区以来，包括赛马场、海水浴场在内的各类旅游设施和资源都得到了较好的开发，2006 年，养马岛被国家旅游局批准为 AAA 级旅游区。

刘公岛位于威海湾口，面积 3.2 平方千米，距大陆 1.8 千米，隶属威海市环翠区。岛上峰峦叠起，植物茂密，森林覆盖率达 87%，是全国第一个海上森林公园，也是首批被列为国家海洋公园的景区之一。就气候而言，这里空气清新，冬暖夏凉、昼夜温差小、无霜期长，年平均气温 12℃左右。该岛面对着黄海，背靠威海湾，是威海市的海上天然屏障，具有重要的国防战略价值，素有"东隅屏藩""海上桃源"和"不沉的战舰"之称。万历末年，明军就开始在刘公岛上建立军事设施，以拱卫海道和威海卫城；鸦片战争后，清王朝更是加紧构筑刘公岛防御体系，使之成为北洋水师的屯泊基地，并先后设置了工程局、水师机械厂、鱼雷营料库、雷厂和屯煤所；光绪十三年（1887），清政府又在岛上建起了北洋海军提督署和大批营房，后来又筹建了铁码头、麻井船坞、炮台和水师学堂，使之成为北洋水师的核心基地，但后来却被日、英先后占据。刘公岛也因北洋水师和甲午海战而被人们所熟知。凭借着优美的自然风光和特殊的人文历史，刘公岛的旅游资源得到了开发，并成为爱国主义教育基地。

■ 威海：刘公岛景观

　　田横岛位于横门湾南侧，是青岛即墨市所属海岛，大致位于北纬35°25′，东经120°57′，东西长3千米，南北宽0.43千米，陆地面积约1.46平方千米，距陆地2.96千米，最高点为岛西部的田横顶，高约54.5米，中部高28米，东部高26米。田横岛周边还有牛岛、驴岛、马龙岛、猪岛、车岛、涨岛、赭岛、水岛等，这些岛屿共同构成了星罗棋布的岛群。田横岛处于东亚暖温带季风区，属海洋性过渡性气候，四季分明，年平均气温12℃左右。岛上南北两坡风格迥异，南坡岬湾相间，礁奇水秀，是垂钓的绝好去处；北岸湾深、港静，是游泳、帆船等娱乐活动的好地方。横岛周围的海域是富饶的海上牧场，有较丰富的浅海和滩涂，盛产鱼、虾、蟹、海蜇等，还有刺参、盘鲍、藻类、贝类等。岛上淡水资源也较为丰富，并且水质好，可以满足基本的生产和生活用水。田横岛还因其特有的历史文化与人文精神称名于世，该岛因汉初齐王田横及五百义士在此殉节而得名。田横顶是岛内最高峰，五百义士墓即在此，该墓直径30米，高约3米，是田横岛的标志性景点，也是青岛市级重点文物保护单位。近年来，田横岛上已建成旅游度假区，可以使更多的人感受到它的美丽与神奇。海岛南岸礁岩林立，惊涛拍岸，与北坡宁静的港湾刚柔相济，充满自然、古朴的神韵。

　　灵山岛是青岛胶南市所属岛屿，其地理坐标为北纬35°46′，东经120°09′，是中国北方第一高岛，高约513.6米，是除台湾和海南外的第三高岛，该岛距陆地的最小距离约为11.04千米，岛形狭长，南北约5千米，东西约1.5千米，面积约为7.66平方千米。该岛具有山东省岛屿的一般气候特征，处于季风性大陆性气候与海洋性气候的过渡区，夏无酷暑，冬无严寒，阳光充足，无霜期长，年均气温约12.3℃。灵山岛是个火山岛，有56座大小山

■ 青岛胶南:灵山岛岛边的小礁石　国家海洋局提供

头，形成了奇特的地理风貌，岛屿东南长期受到海水侵蚀，形成造型奇特的海蚀地貌，具有极高的观赏价值，如老虎嘴、象鼻山、石秀才等。岛上植被茂密，风光如画，因"未雨而云，先日而曙，若有灵焉"等美妙景象而得名。岛上还有一座望海楼遗址，相传为金完颜兀术之妹出家后所居，现已重建。

　　山东黄海海域还有黄岛、芝罘岛、镆铘岛、苏山岛、千里岩等等，它们都有自己的特点和特殊的地理意义。

■ 青岛胶南:灵山岛侧面全景　国家海洋局提供

江苏省的黄海岛屿

　　江苏省的 16 个岛屿主要分布在沿海地区南北两端，就数目而言，仅比上海、天津两市稍多；就成因而言，多是由黄海和长江泥沙淤积而成。北部的海州湾多基岩岛，如东西连岛、秦山岛、鸽岛、竹岛、开山岛、羊山岛、小孤山岛等；长江口北支岛屿则包括永隆沙和兴隆沙等冲击岛，总面积 67.8 平方千米，面积最大的约 36 平方千米，最小的仅 0.0012 平方千米。北部基岩岛主要是侵蚀和剥蚀的低丘陵和高丘陵，岛上有岩滩、海蚀崖、海蚀穴和海蚀柱等地貌，以砾石滩为主；长江口岛屿则属于长江三角洲平原，地势平坦又隔离于陆地。各海岛在气候上，根据与陆地的距离不同而有不同的特点，一般来说，近岸海岛处于海陆气候过渡带，而远岸各岛屿则属海洋性气候。北部海域，在温度、含氧量和营养方面，均有利于鱼类和其他海洋生物的生长、繁殖，是多种鱼虾蟹类繁殖、栖息、索饵和洄游的场所，为海参、鲍鱼、扇贝及海藻等提供了良好的栖息与繁殖地，并形成了海州湾渔场。长江口北支附近则普遍分布有安氏白虾、日本沼虾等半咸水类甲壳生物，此外还有长吻鲩、鲈鱼、刀鲚、凤鲚和鲻鱼等。

　　东西连岛古称"鹰游山"，在江苏省新海连市东北的海上，其南端与大陆之间有宽约 2 千米的鹰游门海峡，东西两岛相连为一。东西连岛呈东南—西北走向，东西长约 5.5 千米，南北宽约 1.5 千米～2 千米，陆地面积约 7.57 平方千米，岸线长 17.7 千米，有大小山头 11 座，最高峰大桅尖海拔 357.8 米，是江苏省的最大岛屿。连岛被大路口垭口分为东西两部分，东为东连岛，大桅尖正位于此；西面是西连岛。东西连岛地质与地貌较为复杂。岸上岩层裸露，主要有中度变质的片麻岩类岩层构成，色淡而质硬；岛上多有断裂和褶皱，由于受到海浪的长期侵蚀，海蚀崖很多，海蚀海岸占全岛岸线的92%，海滩发育不甚发达。连岛岬角与海湾相间，主要的岬角有西山、火轮嘴、大嘴、江家嘴和羊窝头等；小海湾则有东山湾、大路口南、大路口北湾、水岛湾等。

连岛以海洋捕捞为其传统产业，主要捕捞带鱼、小黄鱼、鲳鱼、马鲛、毛虾、鹰爪虾、鱿鱼等，现在又发展出了现代近海和远洋捕捞业；并形成了以紫菜和海带为主的近海养殖业。由暖温带向亚热带过渡的季风性海洋性气候，优质的基岩海岸，使这里植物种类繁多且海产品丰富，加之独特的海蚀地貌，这里形成了独特的自然景观，吸引了大批游客前来观光。将连岛与大陆连接起来的6700米长的拦海西大堤，使岛上交通、通信等大为改善，有力推动了当地旅游业的发展，乃至于整个东西连岛的发展。在独特的自然、历史和文化的基础上，东西连岛开发了诸如鹰游门海峡、西汉琅琊郡界域刻石、连岛大沙湾海滨渔场、苏马湾生态园、海洋水族馆、镇海寺遗址、"神州第一坝"等景点。

秦山岛自西面遥望，岛上仅有东西二峰可见，形似双乳，故俗称奶奶山；亦名神山、琴山，因"旧传秦始皇登此求仙勒石而去"，又称秦山。秦山岛位于江苏省赣榆县清口镇15千米海州湾海面上，岛形狭长，形似瑶琴，一说似蝌蚪，呈东北至西南走向，岛东西长约900米左右，南北宽100米~240米，面积仅有0.19平方千米。

秦山岛地质构造较简单，岛由石英岩和大理岩构成，间有云母片岩等，属侵蚀剥蚀丘陵；由于受到海浪的长期冲击，岛屿海蚀现象非常壮观，海蚀崖高20米~50米，崖下部受海蚀，上部岩块崩落，于岩麓处形成巨大的岩块。岛北侧和西侧被蚀去大半，岛东西两侧岩滩上都堆积着岩屑砾石，构成砾石坝；东北端在波

浪的强力作用下，形成了宽130米的岩滩，并形成了被称为"三大将军"的十余米高的海蚀柱；西南端有一条传说为秦始皇登岛的"神路"。岛上砾石堆积，如果将该岛看作蝌蚪，这条"神路"正是尾部，是在海水的侵蚀、搬运作用下形成的。

岛上风景优美，植被生长情况较好，多为南方草木；相传在秦山岛上可以经常看到海市蜃楼，其"神山"之名，亦源于此。随着贝类藻类等养殖业与自然、历史人文景观的开发，秦山岛逐渐成为江苏省的重要旅游景区。

此外诸如羊山岛、鸽岛、竹岛、开山岛等岛屿，也都具有特殊的地理特征，是江苏省重要岛屿。

■ 赣榆：秦山岛旅游开始升温

第三章

开阔的边缘海——东海

　　东海，又称东中国海，大致位于北纬 23°00′ 到 33°10′，东经 117°11′ 到 131°00′ 之间，约占我国管辖海域面积的 1/4，面积 77 万平方千米，其中 2/3 左右为我国大陆向海自然延伸的大陆架。整个东海，实际上是西太平洋的边缘海，是由中国大陆、台湾岛、琉球群岛、日本九州岛和韩国济州岛包围的海域；其北接黄海，

■ 中国举行"东海协作-2012"
海上联合维权演习

经对马海峡与日本海相连，由长江北岸启东嘴至济州岛西南角一
线通于黄海；其南经台湾海峡通于南海，由台湾南端鹅銮鼻至广
东南澳岛连线与南海相通；西部则紧邻上海、浙江、福建；东至
九州岛、琉球群岛和台湾岛。

与只有大陆架结构的黄海相比，东海地质地貌较为复杂，有

大陆坡，由于受到亚欧板块、印度板块和太平洋板块的作用，形成了较为独特的地质构造。东海除各种丰富的渔业资源外，还有丰富的油气资源，被认为是世界上含油量最为丰富的区域之一，此外还有各种风能、潮汐、盐差等能源，锰、钴等矿物资源。东海的气候同时受到大陆性气候和海洋性气候的影响，流经东海的黑潮也在较大程度上影响着东海甚至黄海、渤海的降水、温度等气候因素。东海岛屿星罗棋布，是我国四海中拥有岛屿最多的海域，这些岛屿主要分布在东西两侧，舟山群岛、金门岛、厦门岛、马祖列岛都是其中著名岛屿，其中最大的岛屿当属台湾岛；这些岛屿各具特色，自然和人文景观各异，并依据各自的特色形成了独特的产业。

一、地质构造

东海基本呈扇面形，北宽南窄，南北长约 1300 千米，东西宽约 740 千米，最宽处为长江口，约 870 千米，最窄处为台湾海峡，约 120 千米，其地形呈现从西北向东南倾斜的趋势。在这一趋势中，宽阔浅水的大陆架占主要的部分，其水深一般不超过 160 米；之后急速进入到 200 米水深的大陆坡——冲绳海槽西坡，然后依次是弧形的冲绳海槽、琉球岛坡（冲绳海槽东坡）和琉球岛弧，基本上构成了琉球岛弧往西向的"弧—槽—架"地形格局。这种地形格局的形成是在地质构造和沉积建造的共同作用下形成的。

构成东海地形的构造带主要有五个，包括浙闽隆起带、陆架坳陷带、陆架外缘隆褶带、冲绳海槽张裂带和琉球岛弧带。其中浙闽隆起带是一条长 2100 千米，宽 200 千米～300 千米的构造带，这一漫长的构造带以浙闽东部陆地上的部分为主体，东北延伸进入黄海、东海海底，然后经苏岩礁、济州岛跟朝鲜半岛南部的岭南地块相连接。它属于中生代的火山岩隆起带，可能形成于华南板块与华北板块碰撞之后，其基底主要由变质岩和中生代的火山岩及碎屑岩系构成，并在基底上覆盖约 800 米~1200 米厚的新生代地层。

东海陆架坳陷带，也是一条长 1500 千米，东西宽 250 千米的地质带；该地质带几乎完全处于东海范围内，北至对马海峡，南到台湾海峡中部，属中新生代断陷—坳陷盆地，主要是中生代及古生代变质沉积岩和火山岩；基底之上则为 4000 米~9000 米的第三系和第四系沉积。在整个坳陷带中，又可分为四个次一级坳陷，分别为北部坳陷、中部坳陷、南部凹陷和台西坳陷。北部坳陷大致位于济州岛以南，中部坳陷位于长江口以东，南部坳陷则位于钓鱼岛西侧，台西坳陷在台湾海峡北部；四个次级坳陷的沉积厚度呈现出东厚西薄的特征。

东海陆架边缘的隆褶带基本位于东海陆架的边缘，水深约 130 米~170 米，钓鱼岛等位于其西南部分，并与台湾褶皱相连，东北可达日本九州北部，这个褶皱带的盖层主要由厚厚的第三和第四系组成。

冲绳海槽张裂带，即冲绳海槽，大致可分为北、中、南三段，呈现向东南凸出的形态，水深超过 2000 米，关于其成因多数学者认为是"弧—槽—架"体系下的弧后盆地，其地质形态在下文中将会提及。

琉球岛弧构造带，由内外两弧构成，内弧是吐噶喇火山链构成的火山弧，位于冲绳海槽和琉球岛弧之间，外弧为琉球群岛，整个构造带呈弧形并向东南凸出。形成于中生代以后，受到华南板块与华北板块相撞的影响。构造带呈现为纵横交错的山脉、褶

皱和断层，有很厚的地壳，并为沉积物所覆盖。

在五个构造带中包括冲绳海槽张裂带在内的四个构造带是我国主张的东海陆架和海域范围。其中在东海大陆架上的是构成"二隆一盆"基本构造格局的浙闽隆起、东海陆架坳陷（盆地）、陆架边缘褶皱带（隆起带包括钓鱼岛隆起）。这种格局是在内部地质作用和外部作用力的共同作用下形成的，前期以地质运动为主，后期则以外营力为主。

构造运动是形成陆架基本形态、地貌特征的基本动力。东海陆架构造带和地貌的形成先后经历了六次区域性的构造运动，包括基隆运动、雁荡运动、瓯江运动、玉泉运动、龙井运动和冲绳海槽运动。开始于早白垩纪末期的基隆运动，是东海发育的开端，在它的作用下东海进入构造断陷阶段，西部发育出了一系列断陷盆地；玉泉运动，这一始于新世末期的构造，将断陷变为坳陷，形成坳陷盆地；龙井运动通过褶皱、抬升、剥蚀和填盆等运动，将东海深厚的地层加以改造，形成了东西成带、南北分块的构造格局；此后在冲绳海槽形成的构造运动中，在东海东部陆架边缘形成褶皱带，即钓鱼岛隆起带，将来自大陆的陆源碎屑物质堆积、沉积，进而填平了整个东海大陆架，为东海地貌的进一步形成奠定了基础。

此后，地质构造运动基本趋向稳定，第四纪以来，外营力成为东海地貌形成的主要动力，主要包括海平面升降、沉积作用、水动力作用、地形边界作用等。海平面频繁地变化，在海进海退之间，水动力、沉积作用使东海陆架形成了诸如古三角洲、古潮流沙脊群、堆积侵蚀平原等大量不同类型的陆架三级地貌。长江三角洲就是在这一过程中逐步形成的。

全新世晚期后，由于海面开始稳定，陆架地貌在古地貌基本格局的基础上，进一步受到水深、海流、沿岸流、潮流、沉积物等多种外部作用力因素的影响并发生变化，比如济州岛附近的侵蚀洼地，便是在黑潮支流之一的黄海暖流和朝鲜半岛的近岸流及潮流冲刷侵蚀下逐步形成的。

冲绳海槽构造带是与东海大陆架不同的一个区域，是东海陆架与琉球岛架、欧亚板块与西太平板块分割的过渡地带。它的形成也经历了漫长的地质构造过程。其构造格局是欧亚板块、印度板块和太平洋板块相互作用的结果，在较早的地质年代早新世时，属太平洋板块的菲律宾板块向顺时针方向旋转，并向北西方向运动；中新世时，菲律宾板块向欧亚大陆板块边缘下俯冲，其产生的俯冲挤压作用，促使了琉球岛弧的形成；上新世至早更新世，菲律宾板块的持续俯冲，使琉球岛弧西侧弧后区形成裂陷盆地，岛弧与东海陆架的边缘发生断裂和分离，产生了冲绳海槽的雏形；板块的俯冲作用持续着，在拉张应力的作用下，逐渐形成了冲绳海槽盆地的基础；此后在漫长的裂陷、扩张、岩浆等运动的作用下，冲绳海槽不断扩张，同时在沉积等外部力量的作用下，冲绳海槽形成了今天的地质地貌特征。

总之，在漫长的地质构造和外部作用力控制下，形成了整个东海大陆和过渡地带（冲绳海槽）两个大的一级地貌单元。其中大陆地貌下有大陆架二级地貌；过渡地带包括冲绳海槽东坡的大陆坡地貌、底部的海槽地貌和西侧的岛架、岛坡地貌等。二级地貌以下又有多种形态的三级或四级地貌，比如大陆架地貌下有淤泥质潮滩、海蚀平台、水下岸坡等。

二、自然资源

广阔的东海海面之下蕴含了丰富的各类资源，既有滨海矿砂、浅海矿砂、浅层气和泥炭等矿产资源，也有丰富的油气、海底煤炭、二氧化碳及地下淡水等资源；还有海底热液硫化物矿产和天然气水合物分布在冲绳海槽；丰富的渔业资源也使东海形成多个著名的渔场。

在东海海域内发育而成的沉积盆地主要包括东海陆架盆地和冲绳海槽弧后盆地；其中前者，主要属于以新生代为主的中新生

■ 东海平湖油气田

代沉积盆地，具有沉积广、厚度大的特点，可能有东西中三大油气蕴含组合；后者，即冲绳海槽盆地则属弧后裂谷盆地，其陆架前缘也可能有油气组合的地质发育。就目前探测，东海约有 92 亿吨的油气蕴含储量。

　　尽管两大盆地都具有丰富的含油气潜力，但其规模差异较大，其中陆架盆地的可能蕴含量远超海槽盆地。目前的调查数据显示，陆架盆地的东西两个凹陷带共有三套成油气组合、五个含油气系统和九个含油气坳陷，其中含油气凹陷是含油气的基本单元；中部隆起带和冲绳海槽陆架前缘坳陷的油气也有一定规模。据推算，东海陆架盆地蕴含油气 83.3 亿吨，此外还有 24745 亿立方米的潜在储量；冲绳海槽盆地约有油气 7.57 亿吨，其中仅钓鱼岛附近的岩浆岩带就有 1.80 亿吨。

　　目前，我国在东海的油气资源开发已经取得了初步的进展，包括平湖油气田和春晓油气田群；春晓油气田群又包括春晓气田、天外天气田、残雪油气田、断桥气田。春晓气田群位于上海东南方向 450 千米的东海大陆架上，天外天、残雪、断桥、春晓油气田分别发现于 1986、1989、1990 和 1995 年，目前已经投产并开始向宁波等地输送天然气。

砂矿资源

　　东海的砂矿资源，主要包括滨海砂矿和浅海砂矿。东海滨海砂矿，具有一般滨海砂矿的位置特点，主要分布于从岸线到 15 米～20 米水深附近的海域部分和岸线向陆地 5000 米左右的陆地地带；此外，相比较黄海和南海来说，东海滨海砂矿就规模和种类而言皆有所不及。

　　目前东海的滨海砂矿在东海沿岸各省份皆有分布，形成约 52

处砂矿矿点，并以浙江、福建和台湾三省沿岸和岛屿为最，上海和杭州湾沿岸较少，呈现出北少南多的趋势；主要分布在浙江的大衢山冷峙、舟山桃花岛；福建的宁德、晋江、黄厝、赤湖、梧龙、宫口；台湾的双溪、新竹、石门等。其类型主要包括磁铁矿、钛铁矿、锆石、独居石、磷钇矿、石英矿和建筑用砂砾集料等；就矿种及其分布而言，磁铁矿多分布于台湾和福建；钛铁矿则全在福建；锆石以台湾新竹为最，浙江和福建也有少量分布；独居石与锆石的分布情况相似；磷钇矿则只在福建宫口；石英砂主要在福建，其中梧龙品位较高。

东海浅海砂矿资源也较为丰富，其中重矿物种类达五十多种，常见的有 17 种；此外还有建筑砂砾等资源。其重矿物主要是闪石类、帘石类、绿泥石类、磷灰石类等；工业有用矿物有十字石、红柱石、蓝晶石、电气石、石榴石、锆石、金红石和钛铁矿、磁铁矿等金属矿物及黄铁矿等。就分布区域而言，东海大陆架主要以闪石类为主，铁钛金属、石榴石、红柱石、蓝晶石和电气石等有用重矿物含量较少；但台湾海峡则相反，铁钛金属和锆石含量很高。综合来看，有用重矿物主要分布在东海大陆架的北部、东部边缘、台湾海峡和台湾东北部。由于河流砂砾资源目前处于枯竭状态中，海上建筑砂砾资源就显得尤为可贵。东海浅海建筑砂砾石，以舟山群岛附近沿海、闽江口以南沿海和台湾西部沿海为最，并主要分布在浙闽台沿海和岛屿附近。其构成主要包含石英和长石等长英质砂砾、陆源砂砾和生物贝壳等生物碎屑砂砾。

##

天然气水合物，又称可燃冰，具有 10 倍于煤，或 2 倍～5 倍于天然气的能量密度；由于燃烧后的产物只有二氧化碳和水，又被称为清洁能源；但如果被大规模分解，在甲烷的作用下，又会造成严重的温室效应。

通过对地形地貌、沉积地层、地质构造、热流条件和矿物成分的分析，基本可以确定冲绳海槽可能蕴含丰富的天然气水合物，海槽中南部、27° 30′至台湾东北部区域，特别是钓鱼岛附近海域，具备最好的天然气水合物的寻找前景。据已有数据和研究成果显示，仅海槽西侧陆坡的天然气水合物的储量可能已达1.97万亿立方米~9.86万亿立方米，整个冲绳海槽的天然气水合物总量可能相当于590亿吨油当量的能量。毫无疑问，东海冲绳海槽的潜在能源是惊人的。

其他海底资源

东海海底还有其他资源，比如海底热液硫化物、淡水资源、海底煤层、浅层气、泥炭等资源。

海底热液硫化物。其中海底火山活动频繁、深度超过2000米的冲绳海槽，是东海唯一具有广阔远景的海底热液硫化矿床蕴藏区，尽管由于技术原因还不能做彻底调查，但可以推测该海槽内的热液堆积物资源量和金属量都是非常丰富的。

淡水资源。目前已经基本证实，舟山海域存在长江和钱塘江古河道形成的承压水层，并已发现了三个。承压水层的发现，为解决海岛缺水问题提供了可能，但探明储量、勘探和开发等都还有较大的风险。

海地煤层。除油气资源外，东海还发现了丰富的海底煤层，并且总厚度大、层数多、分布面广。东海陆架煤层分布十分广泛，以至于延伸到冲绳海槽中部和北部。

泥炭。这种资源既可作燃料也可做化肥，浙闽东海海岸的滨海洼地、海湾泄湖边缘及近岸山间盆地和近海海底浅部地层，均是泥炭的主要分布区域。其中，浙江沿海已经发现矿点50余处，福建也发现了57处。

渔业资源

在气候、水文、海底地形地貌、陆地河流等因素的影响下，东海形成了丰富的渔业资源，并形成了多个著名的渔场，比如舟山渔场、鱼山渔场、温台渔场和闽东渔场等。其中，舟山渔场是我国最大的渔场，素有"东海鱼仓"和"中国渔都"之美称。

■ 宁波："东海第一网"上市 引发商贩争抢

东海各类渔业资源十分丰富，包括鱼类 317 种，虾类 33 种，蟹类 55 种，藻类 131 种。其中捕捞的品种主要包括带鱼、鲻鱼、马鲛鱼、海鳗、鲐鱼、马面鱼、石斑鱼、梭子蟹和虾类等 40 余种。由于污染和过度捕捞，东海传统渔场的渔业资源受到冲击，面临枯竭；在禁渔、治污的同时，沿海地区还依靠良好的近海条件，发展鱼、虾、贝、藻等人工养殖业，并有效弥补了东海渔业资源衰退带来的不足。这些地方的主要养殖品种有带鱼、大黄鱼、小黄鱼、墨鱼、海蜇、淡菜、海带、对虾、扇贝、鲍鱼、紫菜等。

除以上所及，东海还有其他各类自然资源，比如海盐资源、风能、潮汐、盐差、太阳能、空间资源、旅游资源等等。

三、气候和水文

东海西靠我国大陆，东连太平洋，北接黄海，通过对马海峡、朝鲜湾与日本海相通，南通南海，包括台湾海峡，跨越从北纬 22° 到 33° 的十余个纬度。东海的气候受到达海面的太阳辐射量、黑潮、沿岸流等海流因素的影响；由于西岸紧靠中国大陆，并与黄海相连，故与黄海和渤海一样，一定程度上也受到来自海陆间热力差异形成的季风气候的影响。在东海大的区域范围内，因各种具体因素的差异，形成了三个气候区，西部沿岸海区，包括长江口至台湾海峡北面，属多雾区；另有黑潮主干地区，多云少雾，降雨量大；最后是台湾海峡区，冬季湿度大、风速大，夏季热、风速小。

在各种天气系统，比如极锋、副热带高压、温带气旋和热带气旋等的共同作用下，东海各区域在不同季节，风、浪、雾、降

水等各种气候因素相对变化较多，形成了东海气候的特殊性。

海风

东海的风，主要受到冬夏季节海陆高压气团的重要影响。一般来说，东海的冬季风要比黄渤海区域稳定。东海的冬季风开始于9月，但并不十分强盛，10月份，北风和东北风大为增多，10月份到次年3月份盛行北风，东北风和西北风也较多，但不如北风强盛，总的来说，在陆地冷空气的影响下，东海风向除回流和气旋外，多为稳定的偏北风，东海北部为北—东北风，东海南部为东北风，风力一般为4级~5级，平均风速为每秒10米；春季（4月~5月），为过渡月份，风向多变，且风速较小，其最大平均风速约为每秒7米，在锋面气旋、冷高压和暖空气等因素的作用下，东海常有阴雨天气；夏季风在6月开始形成，在副热带高压控制下，以南风和西南风为主，并且天气酷热，常遭受台风、东风等热带天气的影响，产生大风、大浪等，但总体不如冬季风强，除台风侵袭外很少有大风出现，平均最大风速为每秒7米；秋季则是气旋活动最少的季节，东海风速普遍为每秒8米~9米，仅台湾海峡附近风速达到每秒10米，澎湖列岛附近可达每秒11米。

台湾海峡由于其特殊的地理特点，其气候特征一定程度上有别于东海大部分地区。台湾海峡是我国近海中最长的海峡，且走向与冬季风方向平行，故这里冬季风速较大，平均可达每秒10米，发生6级以上大风的频率较大；海峡冬季风比较稳定，东北风从9月一直持续到来年5月份，达9个月之久；5月份海峡东北风发生的频率降低，到6月份偏南风才开始占据优势，7月主要是西南风，9月份时东北风开始加大，其发生频率高于东海大部分海域偏北风的发生频率。

东海大风主要是由热带气旋、冷空气、温带气旋等因素共同作用而形成的。一般来讲，6月~10月发生的大风主要是由热带气旋造成的，11月~次年4月间的大风则主要是由冷空气影响形成的，2月~5月则主要是气旋的影响。11月~12月是台湾海峡强风（6级~7级）高发期，并于台湾海峡向东北至日本九州西部及韩国济州岛附近形成强风带；与此同时，舟山地区发生强风的概率则较低。3月份东海区域风力开始减弱，5月~6月时除台湾海峡、九州南面尚有较大概率发生强风外，大部分海域风力都较弱。7月份，东海成为弱风区，较易发生强风的台湾海峡发生强风的概率也开始大大降低，仅为5%左右。从8月份开始，强风发生的机会增加，11月份时已经接近冬季时的情况。据统计，东海发生6级以上大风的时间为200天左右，8级以上为160天左右；台湾海峡发生6级以上大风的时间为230天左右，8级为200天左右。总的来说，东海发生12级以上大风的区域主要分布在北纬28°以南，如闽浙沿海、澎湖列岛、台湾北部海面等；而在北纬28°以北，大风均在10级以下。而大风出现的时间，在长江口一带，多为冬季，北纬30°以南则多在8月~10月间。

海浪与涌

我国渤海、黄海和东海的波浪分布具有共通点，具体表现为，南部大于北部，远海大于近海，冬季大于夏季等。同时越是远离大陆的大洋区域，风浪越是频繁，且又常常因季风的风向和强度而变化，此外，涌往往出现在与大洋毗邻的海域。随风速、风向的季节性变化，东海波浪也发生相应的变化，冬季是东海风力较为强劲的时期，这时的波浪也随之增强，台湾岛附近尤为明显，平均波高达2米以上，台湾海峡更是达到2.4米~2.8米；春季

（3月~5月）是风、浪较为平静的时期，东海大部分海域平均波高只有1.2米~1.3米，西北部仅有0.8米~0.9米；7月~9月在热带气旋的作用下，波浪开始增大；10月份以后，随着冷空气活动的增强，东海的风、浪开始增强。就东海而言，波浪强度变化的趋势大致为西北部小，东部和东南部较高。

具体而言，冬季，即10月至来年3月份，东海北部波浪以偏北为主，东海南部和台湾海峡，主要为东北向；而涌向则与浪向相似，东海北部多为偏北涌，东海南部和台湾海峡则多为偏东北涌。大浪和大涌在冬季主要发生在离岸50千米以外的区域；东海最大波浪区与这时期较易发生强风的区域，即台湾海峡、台湾北部和东部海面到九州岛西部海面，总体一致；波浪强度远大于冷空气入侵海上时沿岸波浪的情况，达到了8级~9级，持续时间在半个月以上。春季，即4月~5月，波浪转向由东海南部开始，从偏北转向偏南，继而东海北部和台湾海峡也发生波浪转向；涌的方向变化与之相似，但台湾海峡的涌向始终以东北为主。6月~9月，波向与涌向主要以偏南为主，其中东海东部的涌相当多地表现为南—西南向，台湾海峡也在一定程度上如此；7月份以后，由于台风出现较频繁，东海的大浪大涌也显著增加。从 10 月份开始，东海波向开始转向，由偏南转向偏北，台湾海峡于 10 月上旬完成转向，东海其他海域则在 10 月中旬完成；同时，台湾近海再度较为频繁地出现大浪。东海区域大浪大涌的天气，冬半年由冷高压造成，夏、秋之间由台风造成，4 月~6 月则由温带气旋造成。

海雾是东海区域气候的主要表现形式之一。在这一海域海雾的强度和覆盖范围远逊于黄海，大致可延伸到东经 126° 附近。与渤海和黄海相似，东海的海雾也主要是平流雾。

海雾的形成与我国东岸的冷水性质的沿岸流是分不开的。这股沿岸流，尽管在夏季不太明显，但并没有消失。当它沿陆岸从黄海和东海南流时，遇到随夏季风而来的暖湿空气时，便在冷水上空凝结成雾。黄海是海雾分布最广、持续时间最长的海域；东海海雾自北向东南递减，在受黑潮影响的琉球群岛和台湾以东洋面，较少出现。东海西部和西北部，是海雾发生较多的区域，浙江和福建一年四季都有海雾，并以 3 月~6 月为最多；舟山群岛是这一海雾多发区的代表，2 月开始出现，3 月增多，4 月~5 月最多，6 月开始减少。东海的海雾出现和变化大致与之

相同，8月份时，东海已基本无雾。东海与黄海海雾发生的相似性，还体现在日周期的变化上，由于海面受到的阳光辐射昼夜不同，海雾亦如此，但情况相反，即中午前后辐射最强，因而海雾变稀甚至消散，夜晚与之相反。这也是海雾往往产生于后半夜，并在早晨时最浓，中午最弱的原因；但如果海雾太大，也有可能造成持续数天不消散的情况。海雾除造成能见度不足并导致可能的危险外，还会影响到海水对太阳辐射能量的吸收。

云和降水

降水的形成总是以云的聚集为前提。东海是中国近海中云量最多的区域之一，这就影响到了东海的降水。仅就云量而言，冬季时，东海海水温度高于气温，引起了热量和水汽的交换及传递，形成了海面上空的积云，其中台湾东北部积云量远高于长江口外、舟山群岛、杭州湾、浙闽近海等区域；3月~5月，由于暖湿气流北上并与沿岸流相遇，故在海雾形成的同时，近海区域云量也开始增加，6月份的梅雨也与此相关；7月~8月在强大的副热带高压控制下，东海云量减少，且分布较为平均；9月~10月，在海陆气团的争锋中，东海云量又开始增加。

就降水量来说，东海的东部和西部有较大差异，台湾海峡东西两侧亦如此。东海西部年降水量在1000毫米~1300毫米之间，5月、6月和9月较多；东侧的年降水量超过2000毫米；整个东海年降水量为1000米~2000毫米。台湾海峡的年降水量在1000毫米~2000毫米之间，其中西部年降水量1000毫米左右，东岸则为1500毫米~2000毫米，最大值出现在台湾南部，达到3000毫米。另外，受台湾地形槽和背风区的影响，台湾海峡东部，包括澎湖列岛，直到6月份才进入雨季，而西岸的福建沿岸已经在

5 月份进入雨季了。

水温和气温

东海的气温与水温基本表现为东南部高、西北部低的特点，这种特点的形成主要与太阳对海面的辐射和东海的暖寒流有关。

东海海面年平均太阳总辐射通量（单位时间单位面积受到太阳辐射的能量）在中国近海中属最低之列，其中 1 月份南部受到的辐射通量要低于北部，7 月份则南北相差不大。一句话，由于日地距离、日照角度等因素的影响，夏季东海南北吸收太阳的热量相差不大，冬季则南部高于北部，从而影响到海水温度、盐度等因素。

影响东海的海流则主要包括两部分，黑潮主流及其支流台湾暖流、黄海暖流和对马暖流等暖流系统及靠近大陆的沿岸流系统；黑潮具有流速强、流量大及高温高盐等特点，所经之处造成相关海域海水温度、盐度升高，进而影响到海水与空气的热量交换，并影响到降水、气温等气候因素的变化，除对东海、黄海和渤海的气候影响很深外，也对西太平洋环流和东亚地区的气候形成了重要影响。大陆沿岸流在冬季更为明显，它顺流南下，具有冷流性质，与外海海流温度形成对比。尽管夏季冷流几乎消失，但大陆沿岸的水温依然低于外海，致使近岸区域对流减弱，降水变少，进而影响到气温的变化。

黑潮

东海的黑潮原不是东海的气候要素之一，但却对东海乃至更加广泛的海域的气候产生了巨大影响。

黑潮是世界海洋中的第二大暖流，它具有高温、高盐的特点。

它流速强劲，可以达到每小时 3 千米 ~ 10 千米，相当于长江流量的 1000 倍。它发源于菲律宾东南，是北赤道暖流的一个向北分支的延伸，犹如一条巨大的江河，在北太平洋西部海域奔腾向北。其主流沿巴士海峡东侧北上，紧贴台湾东海岸流入东海，而后经东海陆架边缘与陆坡毗连区向东北前进，通过吐噶喇海峡，然后沿日本列岛南面海区流向东北，并在约北纬 35°、东经 141° 附近海域离开日本海岸东流而去，最后在东经 165° 左右向东逐渐消散。在这一过程中，形成了台湾暖流、黄海暖流、对马暖流等洋流和"蛇形大弯曲"等，并与千岛寒流交汇形成西北太平洋渔场。这些暖流进入黄海、渤海、日本海，对中国东部近海的水文、气象、渔业等产生了重大影响。当然，之所以称其为黑潮，并非是因其颜色黑，事实上，黑潮的水比一般海水更加清澈透明，能见度更高；只是因为太阳散射光照射到黑潮海面，引起水面散射后，形成了与附近海水不同的墨蓝色而得名。

以上是东海范围主要气候要素的特点，总的来说，东海属亚热带季风气候，造成东海气候诸多特征的重要因素，除传统的由海陆气团形成的季风、气旋等因素外，黑潮的因素不容忽视，因为它不但影响了东海的气温、水温、海雾、降水，还深深影响了日本和中国的气候，也深深影响了东海的生物分布，甚至影响到黄海和渤海的气候及生物分布。

四、主要岛屿

东海的岛屿，是我国所临四个海域中最多的，约占全国海岛总数的 66%；这些岛屿主要沿近海分布，集中在浙江省沿海，其中 500 平方米及以上的岛屿约 3000 个，约占全国岛屿总数的

■ 中国举行"东海协作——2012"海上联合维权演习

49%，此外，福建省占总数的 21%，这二者是我国拥有海岛数目最多的省份。东海岛屿一般又可以以福建省的琅岐岛与台湾西北端的富贵角一线为界，分为台湾海峡海域岛屿和东海大陆架岛屿。前者包括了福建省的 841 个岛屿和台湾澎湖列岛的 64 个岛屿，含台湾岛，共计 905 个岛屿；后者包括江苏省的 2 个岛屿，上海的 13 个岛屿，浙江的 3061 个岛屿和福建琅岐岛以北的 704 个岛屿，这些岛屿主要是基岩岛。东海海岛常以群岛或列岛的形式出现，比如舟山群岛、鱼台列岛、台州列岛、洞头列岛、嵊泗列岛、东矶列岛、北麂山列岛、南麂山列岛、台山列岛、四礵

列岛、马祖列岛，台湾海峡内还有白犬列岛、东洛列岛、南日列岛、礼是列岛、澎湖列岛等。

上海的岛屿

上海共有海岛13个，主要分布在长江口内外和杭州湾的中部。其中包括河口冲积沙岛8个，面积1326.57平方千米；因地质活动形成的基岩岛4个，面积0.34平方千米；在暗礁基础上由人工建造而成的岛屿1个，面积0.0014平方千米。就其分布而言，长江口内有8个，口外有2个，杭州湾有3个。主要岛屿有崇明岛、长兴岛、横沙岛、复兴岛、佘山、大金山、小金山和浮山（乌龟山）。

崇明岛位于长江入海口，大致处于中国海岸线的中点位置，是世界上最大的河口冲击岛，也是中国仅次于台湾岛、海南岛的第三大岛屿和第一大沙岛，素有"长江门户、东海瀛洲"之称。崇明岛西接长江，东濒东海，四面环水，东西长80千米，南北宽13千米～18千米，面积约1267平方千米。岛上地势较平坦，无山冈丘陵等，西北和中部稍高，西南和东部略低。由于海拔低且地势低洼，加上四周临水，故容易遭受海平面上升等因素的影响。崇明岛地处东亚热带，气候温和湿润，四季分明，属典型的季风气候，主要的自然灾害有台风、暴雨、龙卷风、风暴潮、大雾、雷击、冰雹、极端温度、盐水入侵和洪涝灾害等。

岛上资源较为丰富。长江在河口的沉积作用，不但平均每年给崇明岛带来了5平方千米的土地，而且使崇明岛生成了丰富的滩涂资源，这些资源主要集中在北、东、南面。崇明东滩鸟类国家自然保护区，位于崇明岛滩涂湿地区域内，是重要的国际湿地，对有关全球迁徙水鸟的研究以及河口海岸湿地生态系统的保护具

■ 上海：崇明岛岛上房屋 国家海洋局提供

有非常重要的意义。崇明岛还有丰富的水产资源，由于地处淡水和海水交汇处，故这里既有刀鱼、凤鲚、鳗鱼、白虾、黄鳝、甲鱼等长江水产，还有黄鱼、带鱼、鲳鱼、墨鱼、海蜇、海虾和梭子蟹等海产。崇明岛的滩涂除栖息着各种鸟类外，还有鱼类114种，爬行动物22种，哺乳动物1种，中华绒毛蟹、石磺、螃蜞、牡蛎等甲壳类和软体类生物资源较为丰富。在诸多的生物资源中，有32种系国家保护动物，比如中华鲟、野天鹅、鹤类等。主要的珍稀迁徙候鸟有鸳鸯、大小野天鹅、东方白鹳、白头鹤、灰鹤等。

　　崇明岛旅游资源丰富，但由于其自然资源具有较高的生态价值，比如崇明东滩鸟类保护区，因此反而限制了岛上旅游资源的开发。目前，崇明岛的旅游开发还处于初级阶段，但丰富的各类资源为其进一步的开发提供了较大的潜力。

■ 上海：崇明岛东滩湿地风光

长兴岛是长江口第二大河口沙岛。北距崇明岛 10 千米~15 千米，成陆面积约 87.8 平方千米。东西长 24 千米，南北宽 3 千米~4 千米，呈东北高、西南低的趋势。最高点 3.2 米，最低点 2.2 米。长兴岛的形成时间较晚，是在 19 世纪中期以后露出水面的鸭窝沙、潘家沙、瑞丰沙、石头沙、园园沙、金带沙等沙岛的基础上围垦连接而成的。岛上气候和自然环境都比较好，并以"土净、水净、空气净"著称。由于四面环水，在"热岛效应"的影响下，气候条件得天独厚，低温天气少于陆地，冬暖夏凉，环境宜人，高龄人口比例较高，不乏 90 岁以上的老人，因而享有"长寿岛"的美誉。

长兴岛还有丰富的植物和海产资源，是上海市重要的产橘基地，人称"橘岛"。目前，全岛柑橘面积 35000 亩，2007 年总产量达 50000 吨，所产柑橘鲜甜可口，酸度适中，深受人们喜爱。岛内外的水产资源也十分丰富，每年淡水鱼养殖和远洋捕捉的各类水产达 3690 吨，包括凤尾鱼、回鱼、刀鱼、鲈鱼、海蟹等著名特产。岛上还有比较齐全的工业体系，如造船、修船、港口机械、制氧、建材、五金加工等。依靠得天独厚的自然条件和丰富的自然资源，长兴岛还形成了较为发达的旅游业，其中尤以依托柑橘发展起来的橘园最具特色。

横沙岛也是长江入海口处的沙岛，位于长江南支水道中，东临东海，西与长兴岛相距 1 千米，北望崇明岛。面积 50 平方千米左右，地势低平，南部北部较高，中部较低，最高处 3.6 米，最低 2.6 米，平均高度 2.87 米。属亚热带气候，冬暖夏凉，四季分明，平均气温 15.4℃，年降水约 1022 毫米，无霜期约 240 天。岛上土壤为沙黏质灰沙泥结构，富含天然矿物成分，非常肥沃，并有较为丰富且水质纯净的地下水资源。

■ 上海：横沙岛岛上房屋　国家海洋局提供

横沙岛于19世纪40年代初开始露出水面，光绪十二年（1886）开始围垦，后经过一百多年的冲淤变迁，至1958年全面加固加高前，横沙岛已经向西北方向移了十余千米。横沙岛的自然环境与长兴岛相近，同样具有"水净、土净、空气净"的特点，也是上海的一个长寿岛。由于与大陆隔离，横沙岛格外安静，具有非常高的旅游开发价值。这里同样有较为丰富的生物资源，如长江刀鱼、凤尾鱼、河虾、中华绒螯蟹、白山羊、红鼻鸭子、糯

田螺、散养土鸡、野生甲鱼、野生黄鳝、野生鳗鱼等等。岛上也有大片的橘园，每当深秋季节，两岛的大片橘园中点缀着一颗颗金色的果实，清香而迷人。岛上还发展人工养殖业，包括淡水养殖河蟹、甲鱼，利用滩涂养鹅、鸭等。岛上已经建有水上娱乐中心，设有滨海游泳池、快艇游览、露天舞场、豪华帐篷、乡村农舍，还有江河海鲜、三净菜蔬、时令瓜果等，在充分发挥地方特色的同时，也融入了现代生活的元素，是繁华喧闹的上海地区的又一处静谧祥和的世外桃源。

此外，上海的其他海岛，如金山三岛（大金山岛、小金山岛、浮山岛）等，也各有其独特的自然环境和动植物资源，"金山三岛海洋生态自然保护区"是上海地区野生植物资源最丰富的地方。

浙江的岛屿

浙江省海岛数量在全国沿海省份中是最多的，大概分布在北纬 27° 05′ 至 30° 51′，东经 120° 27′ 至 123° 09′ 之间，多位于大陆潮间带滩地和近岸河口海湾。北至灯城礁，南至横屿，西至老鼠尾屿，东至泰礁，东西跨度约 250 千米，南北约 420 千米，分别隶属于舟山市、嘉兴市，宁波市、台州市和温州市。其中 500 平方米及以上的海岛有 3061 个，海岛总面积约 1940 平方千米，岛岸线长 4797 千米，这些海岛大部分分布在沿海 20 米等深线内，最外侧为童岛、浪岗、两兄弟、东亭、渔山、大陈、北麂、南麂、七星岛，呈现出数量多、面积小、分布广的特点。

受地质构造影响，海岛主要呈现为不连续的岛列或岛群分布，表现为东西成列、南北成链、列上团聚、链上呈群的特点，自北而南主要有嵊泗列岛、中街山列岛、韭山列岛、鱼山列岛、东矶列岛、台州列岛、洞头列岛、南麂列岛等，海岛还构成了 50 个左右的裙状或团状岛群。海岛多为基岩岛，岛上多丘陵地貌，且越是远海岛屿，山体高度就越低。岛上土壤侵蚀严重，浅薄贫瘠，砂性重，保水能力差，导致岛上植被多，种类单一，结构简单，覆盖度低，分布不均的特点。多数岛上以丘陵为中心，丘陵上部生长野生竹林、草木灌丛等，中下部生长马尾松，四周平原栽培作物，滨海区则以盐生、沙生和水生植物为主。浙江海岛处陆海过渡带，气候温暖湿润，岛内外具有丰富的"港、渔、景"等资源。由于岛岸曲折，湾岙众多，其岸线和水位特点使其宜建不同功能的大中型深水港口，浙江岛礁附近海域，生态环境良好，营养物质丰富，海洋生物有千种以上，形成了我国最大的渔场。这些岛屿上优美的自然风光，丰富的文化历史古迹，为旅游业的发展提供了坚实的基础。

舟山群岛是我国最大的群岛，位于长江口南侧、杭州湾外缘的东海洋面上，属舟山市，也是我国第一个群岛地级市，其下设嵊泗县、岱山县和普陀区、定海区两县两区。群岛包括500平方米以上的大小岛屿1390个左右，如舟山岛、泗礁山、嵊山、崎岖列岛、岱山岛、秀山岛、大长涂山、普陀山、六横岛、中街山列岛、长峙岛等。整个群岛陆域面积约1440平方千米，涉及海域面积约20800平方千米。整个群岛属于低山地丘陵地貌，群岛最高处为桃花岛上虾峙山，海拔530余米。岛上有丰富的海蚀现象，有各种海蚀阶地、洞穴，普陀山岛的梵音洞、潮音洞都属海蚀洞穴。

舟山群岛拥有丰富的渔业、港口和旅游资源。舟山渔场是我国最大的渔场，包括嵊山渔场、中街山渔场、洋鞍渔场等广大海域，水产资源丰富，形成春夏、秋冬两大鱼汛，有鱼类317种、虾类33种、蟹类55种、藻类131种。带鱼、大黄鱼、墨鱼和小黄鱼是其传统主打渔产，现在已经被虾、带鱼、蟹、鱿鱼取代。

■ 舟山：舟山岛　国家海洋局提供

舟山航道纵横，水深浪平，是天然的深水良港，其特殊的地理位置，更加重了港口的作用。秀丽良好的海岛自然风光，又增加了舟山的魅力。除普陀区和嵊泗列岛两个国家级风景名胜区外，还有岱山岛、桃花岛两个省级风景名胜区及 1000 多个旅游景点。名满天下的"海天佛国"普陀山，每年都吸引数以百万计的游客。2011 年 3 月，舟山群岛新区成立，成为继上海浦东新区、天津滨海新区和重庆两江新区后，又一个国家级新区，也是中国首个以海洋经济为主题的国家新区，为舟山的进一步发展奠定了基础。

舟山岛是浙江省第一大岛，我国第四大岛，也是舟山群岛的主岛和舟山市市政府的驻地，设有定海和普陀两区。岛呈东南—西北走向，面积约 476 平方千米，距宁波市滨海区长柄嘴约 9.1 千米。岛上主要是山地丘陵地貌，丘陵占全岛面积 70%，最高点为黄杨尖，海拔约 503.6 米。舟山岛拥有良好的深水港湾，海运发达，可直通宁波、上海、温州乃至世界各地。由于地处舟山渔场海域，各种海产品如大黄鱼、小黄鱼、带鱼、墨鱼、鳓鱼、鲳鱼、虾、蟹、海蜇等十分丰富，还有各种养殖水产。此外还有黄杨尖刺芽茶、皋泄杨梅、小碶水蜜桃等植物特产和舟山黄牛、浙东白鹅等畜禽。

岛上有很多名胜古迹。舟山始建于唐玄宗时期，时称翁山县，后几经改易，清康熙年间改名为定海县，1987 年舟山建市，定海成为一区。定海因其重要的海防地位和海防历史而闻名于世。鸦片战争时期，清王朝就曾广修工事，英国人也曾攻占并长期盘据这里，岛上的"三忠祠"正是为纪念这个时期在岛上牺牲的葛云飞、王锡朋、郑国鸿而建的。岛上的"同归城""舟山官井""姚公池""道头土城""镇远炮台""留芳井""瞭望楼"等都是其历史的见证。定海因其浓厚而别具风味的海岛民俗而著称，舟山渔民画、舟山锣鼓、渔家小调等都颇具海岛渔港情调。

普陀山为舟山群岛中的一个岛屿，属舟山市普陀区，位于杭州湾外，西距舟山本岛约 3.7 千米。岛呈菱形，南北长 8.6 千米，东西宽约 3.5 千米，面积约 12.5 平方千米，属低山丘陵区，最高峰佛顶山，海拔约 291.3 米。岛上山体由钾长花岗岩组成，风化侵蚀作用明显，山体四周崩塌，岩石形态千姿百态，西天门、凉心洞、观音洞、古佛洞均属此类。岛周围海蚀地貌普遍，主要有海蚀岸、海蚀台、海蚀洞等，如法台、心字石、潮音洞等。

普陀山气候温和，雨量充沛，植被丰富，素有"海岛植物园"之称，共有珍稀古木 66 种，其中不乏普陀鹅耳枥、竹柏、普陀樟、全缘叶冬青、山茶、寒竹（观音竹）等名木，其中普陀鹅耳枥，因被认为是世界上唯一的一株而显得尤为珍贵。岛上还有较为丰富的动物资源。在林业部门的保护下，这座十多平方千米的小岛居住着各种鸟兽蛇虫，使普陀山成为一座海上动物园。

普陀山以佛教圣地闻名于世，素有"海天佛国""南海圣境"之称，与四川峨眉山、山西五台山、安徽九华山，并称四大佛教名山，其香火之盛，堪称四大名山之首。佛教在普陀山的兴起大约始于唐代，南宋时规定普陀山以供奉观音菩萨为主。经过长期的发展，普陀山终成中国佛教一大胜地。岛上很多景点都与佛教有关。如普陀山三寺：普济禅寺、法雨禅寺、慧济禅寺；普陀山三宝：多宝塔、杨枝观音碑、九龙藻井；普陀山三石：磐陀石、心字石、二龟听法石；普陀山三洞：朝阳洞、潮音洞、梵音洞；普陀山十二景：莲洋午渡、短姑圣迹、梅湾春晓、磐陀夕照、莲池夜月、法华灵洞、古洞潮声、朝阳涌日、千步金沙、光熙雪霁、茶山夙雾、天门清梵等等。如此凡间美景，人间天堂，梵音净心

之处，又如何不令人流连忘返，陶醉其中呢？无怪苏东坡、陈献章、屠隆等名人学士都对此倾心有加。今天来此诚心拜佛者已不仅有我国的善男信女，还有自泰国、缅甸、斯里兰卡、老挝、菲律宾等国，不远万里前来的信徒。

■ 舟山：普陀山岛　国家海洋局提供

■ 舟山："海天佛国"普陀山

岱山岛是舟山群岛第二大岛，东近大、小长涂山，南与秀山、官山两岛相隔，西与大、小鱼山隔海相望，东北隔岱衢洋与衢山岛相对，是岱山县的主岛和县人民政府驻地。岛形似桑叶，东西长15.8千米，南北宽13.8千米，陆地面积105平方千米，最高点在磨心山，海拔约253米。

岱山，古称蓬莱，相传就是秦始皇派徐福带数千童男童女入海求仙药的地方。岱山风景秀丽，海、滩、礁、山等均显示出山海奇观，吸引了众多的文人骚客。明清时岱山以蓬莱十景最为出名，分别为蒲门晓日、石壁残照、南浦归帆、石桥春涨、鲸山蜃楼、横街鱼市、巨港渔灯、竹峙怒涛、白峰积雪、鹿栏晴沙，今天依然有蒲门晓日、鹿栏晴沙、白峰积雪、燕窝石笋、竹屿怒涛、渔港栖霞、徐福公祠、金沙依翠、宝塔览胜、观音驾雾十景与之交相辉映，古今"十景"同处一岛，讲述着数百年来的沧桑。

岱山还是著名的渔盐之乡，是浙江第一产盐大县，中国著名的产盐区，其产量占浙江省总产量的十分之一，舟山市总产量的四分之一。岱山有盐田数万亩，其中岱西盐场被称为"万亩盐场"。岱山产盐的活动可追溯至唐代，北宋初立岱山盐场为正场，明代盐场随居民内迁而废，但清初重获发展，同治时已发展为省内第二大盐场。20世纪80年代成为省内最大的盐场。岱山处舟山群岛中部，有丰富的渔业资源，是舟山渔场的重要组成部分。这里还曾是大黄鱼的重要产地，商贩云集，鱼市兴旺，但过度的捕捞破坏了这里的渔业资源，各种人为的环境改造也直接或间接地破坏了大黄鱼的生长环境。

岱山政府充分挖掘其开拓海洋的历史，先后开放了中国台风博物馆、海洋渔业博物馆、盐业博物馆、灯塔博物馆、岛礁博物馆、海防博物馆六个博物馆，并准备建设徐福博物馆、渔村博物馆、海洋生命博物馆、海鲜博物馆四个博物馆，他们的目标是最终建成十大博物馆，并将其作为岱山的名片展现在世人面前，使人们认识和了解岱山的历史与海岛文化。

南麂列岛是位于浙江南部敖江口外平阳县辖的列岛，由大小31个海岛组成，总面积约12平方千米，距离温州和平阳分别为92.6千米和55.6千米，主要岛屿为南麂本岛、大霜山岛、笔架山岛等。列岛以其丰富的贝藻类生物资源被列为全国首批也是东海海域唯一一个海洋自然保护区，岛东部的稻挑山是我国领海基点之一。列岛地形主要以丘陵坡地为主，土壤以复盐基红壤亚类为主。

南麂列岛有丰富的海岛自然景观和独特的生物景观。洁净的海水、深邃的港湾、峭立的岬角和奇特的岛礁，使其在众多海岛中脱颖而出。南麂列岛海湾数量多且景色优美，主要有南麂港湾、国胜岙、马祖岙和火焜岙等，均是理想的海水浴场。位于南麂本岛西南部的大沙岙沙滩浴场更被认为是浙沪一带最理想的海滨浴场。南麂列岛诸岛还有各自的景观特色，置身其中使人有如临仙境之感。列岛中的诸多海礁亦为之增色不少，海礁在海水的冲蚀中形成了不同的姿态，如同万千姿态的美女，各具魅力。

南麂列岛最著名的是其丰富的海洋贝藻类生物资源，在各个岛上、礁上，俯仰间总是能够见到各种各样的，甚至是奇形怪状的贝类和藻类生物。这与其所处的地理位置和海洋水文条件密切相关。由于处在台湾暖流和浙江沿海岸流的交汇处，这里为各种贝藻类生物提供了良好的生存环境，并以物种的多样性、代表性和稀缺性而蜚声海内外。目前已经鉴定出的海洋贝类就已经达到了400多种，其中有19种为国内首次记录，22种在我国沿海其他海域尚未发现，而已鉴定出的各类藻种也达到了174种，其中包括海洋藻类新种黑夜马尾藻。此外还有各种海鸟，比如白海鸥、

白鹭鸶等，它们为安静的海岛增添了不少生机和活力。总之，南麂列岛犹如一块人间净土，那里纯洁而自然的生态环境和动植物资源，拂面而来的清新海风，和随风拍打着礁岩的浪花，向我们倾诉着大自然的动人魅力。

浙江海域岛屿众多，当我们沉浸在造化神奇中，为自然的质朴与厚重而感到倾慕时，却又不能不因篇幅所限而停笔。想象或许美好，但切身体会或许才是真实。

福建的岛屿

福建的海岛数量仅次于浙江，占全国海岛总数的 21% 左右。高潮时海面上 500 平方米以上的岛屿有 1546 个，面积约 1324.1 平方千米，岸线总长 2811.8 千米。以琅岐岛与台湾西北端的富贵角一线为界，北面有岛屿 704 个，并多为基岩岛，且多以群岛或列岛形式出现；南面有岛屿 842 个。如果以闽江口为界，则闽江口以北有岛屿 698 个，以南有 848 个，其中日南群岛以北的岛屿占福建省全省岛屿总数的三分之二，且大多分布在大陆岸线以外，20 米等深线以内，只有少量在 30 多米等深线附近。其分布基本呈现出北部中部多，南部少的特点。目前，福建海岛一般分为四种类型，大陆海岸连线以外的海岛有 1352 个，人工修筑海堤、码头或围垦的海岛 143 个，垦区内海岛 23 个，河口线内水域岛屿 28 个，面积分别为 759.7 平方千米、444.4 平方千米、4 平方千米和 115.9 平方千米。

淡水是岛屿开发的重要条件，福建有淡水资源的海岛共计 102 个，主要有大嵛山、小嵛山、西洋岛、三都岛、琅岐、粗芦岛、海坛岛、东庠岛、屿头岛、草屿岛、大练岛、江阴岛、湄洲岛、南日岛、紫泥岛、东山岛、东台岛、西台岛、东星岛、西星岛、长屿、下屿、上屿、青屿、东瓜屿、烽火岛、北澳岛、浮鹰岛，而无淡水的则多达 1444 个。福建海岛有其独特的地质地貌形态，闽江口以北的岛屿基本上都是单个基岩岛，多数只有高丘、低丘和残丘。闽江口以南则多由岛连岛构成，由沙洲把几个基岩岛连接起来。较大的海岛除高低丘和台地外，还有海积平原等。由于处低纬度地区，受太阳辐射和两侧山地地形及季风环流和海流的影响，福建岛屿具有典型的亚热带海洋性季风气候的特征，其中闽江口及以南主要表现为春季阴湿多雨雾，夏季晴热少酷暑，秋季晴朗少降水，冬季低温无严寒等特点。此外，福建海岛及其所属海域还有丰富的生物资源，如海洋鱼类和贝藻类，岛生植物等等。潮汐、滩涂、风能、旅游等资源也较为丰富。

厦门岛又称"鹭岛""鹭屿""鹭门"和"嘉禾屿"，是福建省第四大岛，位于台湾海峡大陆一侧南部，金门湾内紧靠九龙江口处，是大陆地块延伸到海底并出露海面的大陆岛，与海坛岛、金门岛和东山岛一样都是属福建省 100 平方千米以上的大岛，其面积约为 127.78 平方千米，已与大陆连接成为一座陆连岛，与鼓浪屿、鸡屿、大屿、猴屿、火烧屿、宝珠屿、大离亩屿、鳄鱼屿、上屿、大嶝岛、小嶝岛、象屿与角屿等 30 个岛屿共同组成厦门市，其中有多个岛屿已经与陆地或厦门岛相连。

由于位于闽粤沿海丘陵的北段，岛上高低丘陵遍布，并主要分布在岛南部和中北部，最高点为云顶山，岩高 339.6 米，呈现出北东高而西南低的地势特征。厦门岛海滩在不同的区域也有较大的区别，岛东南沿岸为砂质海岸，岛西侧为淤泥质海岸，北侧则是土崖海岸。岛上具有典型的亚热带海洋性季风气候的特征，高温期较长，气温变化不剧烈，几乎是有夏无冬。岛上有较为明显的雨旱季变化，春夏多雨，秋冬少雨，在季风的影响下，9月至次年 3 月主要是为东北季风，4 月~8 月则盛行东南风。对厦

门岛造成破坏的主要有台风、大风、暴雨、干旱、寒潮等灾害性天气。同时受台湾海峡、九龙江入海口水文要素和季风性气候的影响。

厦门岛内外有丰富的各类资源。其渔业资源主要包括带鱼、鲳鱼、鱿鱼、鲨鱼、墨鱼、马鲛鱼、蛏子、海参、对虾、龙虾等。其中厦门文昌鱼，又称白氏文昌鱼，以其食用和生物科研价值而声名远播。此外还有其他贝类、虾、蟹类、藻类等。良好海湾和水深条件，还使厦门具备了优良的海港资源。厦门自古就是我国东南沿海重要港口之一，具有重要的海运和海防价值，其深水岸线达 15.4 千米。厦门岛还有较为广阔的滩涂资源，主要分布在东岸、东南岸、北海岸和西岸的沙滩及淤泥区，面积约 15.1 平方千

米。主要养殖品种有牡蛎、花蛤等。岛上还盛产荔枝、龙眼、杨桃、木瓜、芒果、香蕉、菠萝等水果。

　　丰富的自然资源和历史人文景观，还为厦门提供了优质的旅游资源：海蚀作用下形成的各种海蚀洞、海蚀柱姿态万千，形神各异；山上还有各种奇石花草，山海之色共融于此；各种人文景观，如南普陀寺、胡里山炮台、厦门古城遗迹、望高石及厦门大学等。我们在感受各种文化气息的同时，也能领会到炮火连天之时厦门的海防意义。

　　鼓浪屿旧称圆沙洲、圆洲仔、五龙屿等，是厦门市的主要岛屿之一，也是厦门主岛最大的卫星岛。厦门是与大陆相连而成为陆连岛，而鼓浪屿与之不同，它屹立于海中，相伴于厦门岛西南

■ 厦门：鼓浪屿全景　国家海洋局提供

侧，是福建的沿岸岛，隔宽约 500 米的鹭江与厦门相望。其得名于岛西南边上在海蚀作用下形成的一个海蚀洞，这个海蚀洞在潮起潮落时会发出擂鼓般的声响。鼓浪屿虽然只是一个面积只有 1.85 平方千米的小岛，但却是厦门最具魅力的景区，是去厦门旅游的必选之地，也是国家级重点风景名胜区。鼓浪屿之所以声名远播，是因为其丰富而独特的自然景观和人文历史。

鼓浪屿又常被称为"海上花园""钢琴之岛""音乐之乡"和"万国建筑博览会"。鼓浪屿与厦门岛气候相似，都属亚热带海洋性气候，光照和雨量等条件皆非常适宜，使得这里温暖而湿润，并且四季温差不大，无严寒亦无酷暑，年平均气温为 20℃ 左右，年平均最高气温和最低气温分别为 24℃ 和 18℃ 左右。良好的气候条件使这里四季如春，鸟语花香，除相思树、木麻黄外，还有凤凰木、棕榈树等热带、亚热带植物，此外还引进了近千种其他热带和亚热带植物，所以这里绿树葱葱，空气清新，令人心神宁静。岛上的居民大都擅长乐器，特别是钢琴；岛上有各种音乐学校、音乐厅，还有钢琴博物馆、风琴博物馆等；岛上还出过许多音乐家和钢琴家，例如钢琴家殷承宗、许斐星、徐斐平、许兴艾，音乐家周淑安、林俊卿、吴天球、陈佐湟、李嘉禄、卓一龙等。由此可见，该岛是名副其实的"音乐之乡"。鸦片战争之后，由于地利之便，先后有十余个国家在此设立领事馆，并建立公共租界，还在岛上兴建教堂、洋行、医院、学校，发展电话、自来水等公共事业，为这里留下了大量的具有欧洲色彩的建筑。鼓浪屿还曾是郑成功的屯兵之地，岛上至今还留有水操台、石寨门等旧址，这些地方记叙了该岛纷扰的过往。

作为旅游名胜、福建省十佳风景区之首，目前鼓浪屿著名的自然景观有日光岩、菽庄花园、观海元、延平公园、鼓浪公园等；

各种人文历史景观和故址有龙头山寨门、水操台、国胜井遗迹、郑成功雕像和毓园（林巧稚大夫纪念园），还有新建成的纪念鼓浪屿历史和名人的郑成功纪念馆等。总之，山海自然之景，人文历史之名，共同打造出鼓浪屿今天的魅力。

海坛岛是素有"千礁岛县"之称的福建省福州市平潭县所属126个岛屿702个礁石中的主岛，属台湾海峡北部近大陆岛屿，面积约260平方千米，是福建省第一大岛，中国第五大岛。该岛位于福建沿海中部福清县东南，福清湾东侧，最窄处仅3.3千米；距台湾新竹仅135.2千米，处台湾海峡最窄部。岛上以丘陵和滨海平原为主，基本呈现南北高、中部低的地形特征，最高峰为君山，海拔约434.6米，中部是由堆积物发育而成的滨海平原，南部则多为100米~250米的低丘。

海坛岛气候属亚热带半湿润海洋性季风气候，年平均气温为19.6℃，其中7月、8月最热，2月最冷；降水主要集中在5月、6月和9月；由于处在台湾海峡北口的西侧，一方面由于"狭管效应"的影响，另一方面受台湾海峡南部北上的台风影响，这里成为强风、大风频发的区域，特别是北北东风向的平均风速更是达到了每秒9.2米。

特殊的自然条件和气候形态，为海坛岛带来了丰富而多样的资源。海坛岛有较为丰富的滩涂资源，面积约62.93平方千米。由于其蕴藏丰富的营养盐类，这里成为各种贝类、紫菜等动植物的重点养殖区域，特别是西部福洋、大安湾等地，具有较高的利用率。其近海水域，由于富含各类营养物质，所以有较为丰富的海洋生物资源，各类鱼、虾、蟹、贝、藻等生物达667种，浮游生物266种；主要海产有带鱼、大黄鱼、鳗鱼、银鲳、马鲛鱼、蓝圆鲹、鲐鱼等鱼类，东方对虾、日本虾、长毛虾、斑节对虾、

三疣梭子蟹、梭子蟹等虾蟹类，蛏、花蛤、牡蛎、鲍鱼等贝类；海带、紫菜、鹅掌菜、石花菜、鹧鸪菜等藻类。

海坛岛还有丰富的旅游资源，其旅游资源类型达36种之多，其中最为著名的是海滨沙滩和海蚀地貌，故有"海滨沙滩冠全国"和"海蚀地貌甲天下"之美誉。岛上的龙王头度假沙滩是全国最大的滨海渔场之一；石牌洋，又称半洋石帆，则是典型的海蚀地貌；三十六角湖，为海成泻湖，周边岸堤海蚀地貌发达，海蚀柱、海蚀洞、海蚀崖、海蚀凹槽、海蚀坑、风动石等形态各异，令人惊叹不已。

此外，海坛岛还有各种石英砂、花岗岩和海盐等矿物资源以及风能、潮汐能等能源资源。值得一提的是，因为该岛地理位置特殊，所以会频繁地发生强风和大风，这样一来，其风能资源便具有较大的开发潜力。

东山岛因形似蝶状，故又称蝶岛。它是我国 102 个有淡水的岛屿之一，也是全国 13 个面积在 100 平方千米以上的大岛之一，处台湾海峡南部近大陆一边；南与广东相近，与香港相距 388.9 千米，东与台湾隔海峡相望，距高雄 303.7 千米，位于诏安湾东

侧，与漳州诏安县一水之隔。东山岛是一座陆连岛，通过八尺门海堤与大陆相连。岛上陆地面积约 220.18 平方千米，是福建省面积第二的岛屿，也是漳州市东山县最大的岛屿。它作为主岛，与象屿、龙屿、兄弟屿等其他 43 个岛屿共同构成了全国第六、福建省第二大海岛县——东山县。岛上基本呈现出西北高、东南低的地势形态，且东南部为滨海小平原，主要是海积小平原和沙地，西北则多为低丘，海拔多在 50 米～200 米间，全岛最高峰也仅274.2 米；其地貌主要包括剥蚀—侵蚀构造、剥蚀堆积地貌和堆积地貌三种，而海岸则多海蚀洞和海蚀崖等海蚀地貌。

东山岛气候条件良好，由于地处北回归线附近，同时在海洋条件的作用下，这里具有明显的亚热带海洋性气候的特征：暖热少雨，大风较多，台风频繁，且具有明显的干湿季。东山岛具有丰富的光照资源，全年日照时间为 2384.9 小时，使这里具备了良好的热量条件，年平均温度为 20.8℃，最高和最低均温为 27.3℃ 和 12.9℃；由于处于台湾海峡多风区，所以这里还有丰富的风能资源。

东山岛还有其他丰富的资源。由于地处近岸海域，且在北回归线附近，因此这里有适宜鱼类等海洋生物的气候和海水条件，有广阔的滩涂、浅海，还有诸如闽南渔场、粤东渔场，距离台湾浅海渔场不远。闽南渔场的中心地带，有各种鱼类、藻类、无脊椎动物、海龟等海洋生物 1242 种，盛产蓝圆鲹、马鲛、鱿鱼、黄花鱼等，浅海和滩涂地区则开发了水产养殖业，养殖鱼虾贝藻等经济类海产。良好的气候条件，造就了这里的美景：碧水蓝天、阳光沙滩，成为人们避暑度假的理想地带；千姿百态、形态各异而又参造化之功的各种海蚀地貌和岩石海崖，比如风动石、石僧拜塔等，令人们不得不感叹大自然的心灵手巧。各种历史古迹，如明朝"武庙"、"铜山石城"、戚继光和郑成功练兵旧址、抗击荷兰侵略者的战场等人文景观，与各种奇山异石、沙滩碧水等共同构成了东山岛丰富的旅游资源。此外，东山岛周边还有丰富的港湾资源，各种富含二氧化硅的矿石和海盐等矿产资源，以及风能、太阳能、潮汐能等能源资源。

湄洲岛是福建省莆田市所属岛屿，位于福建近海中部，莆田市东南，西面濒临湄洲湾，处于其入口处，东临台湾海峡；属我国中型岛屿，面积约 14.35 平方千米，岛内淡水储量相对不足，但一直都有人居住。岛上基本呈现南北高、中间低的地势特征，其北部基岩山海拔约 100 米，还有丘陵、台地级海积平原和风成沙地等地形类型。湄洲岛属典型的亚热带海洋性季风气候，气候温和，风景宜人，年均气温约 21℃。该岛与海坛岛（平潭岛）一样，均以大风著称，频繁的大风还对岛上地貌的形成发挥了重要作用。

湄洲岛也有较为丰富的旅游资源。岛上碧海、蓝天、阳光、沙滩、奇石、怪岩融为一体，形成海天一色、山海相连的独特自然风貌。其中，"梅屿潮音"、"东方夏威夷"九宝澜黄金沙滩、"小石林"鹅尾怪石等多处景观都是人们所共知。然而，湄洲岛最为有名的却是"天后宫湄洲妈祖祖庙"，它是中国海洋文化的重要组成部分，供奉着被尊为海神的"妈祖"，是世界上 20 多个国家和地区 1500 多座妈祖宫（庙）的祖庙，每年吸引数以百万计的信徒来此朝拜，因此，湄洲岛又被称为"东方麦加"。湄洲岛妈祖庙初建于宋雍熙四年，后经历代扩建，成为国内外妈祖信仰者的圣地。目前，岛上的妈祖庙已经成为中国首个世界级信俗类非物质文化遗产。妈祖庙后面的岩石上，还有"升天古迹""观澜"等石刻，"梅屿潮音"产生于前方沿岸海床的潮汐与海蚀凹槽中，在潮起潮落之间发出种种奇特而令人遐想的声响，这也是"梅屿潮音"的魅力之所在。

台湾岛及其附属岛屿

　　台湾省的岛屿主要包括主岛台湾岛、台湾岛东北和东南部岛屿 21 个，澎湖列岛 64 个。其中台湾岛东北岛屿主要包括龟山岛、龟卵岛（龟山岛附属岛屿）、彭佳屿、棉花屿、花瓶屿、基隆屿（鸡笼屿）、和平岛、中山仔岛、桶盘屿（上述三岛已合而为一）、钓鱼岛、黄尾屿、大南小岛、大北小岛、赤尾屿、北小岛、南小岛、飞濑岛等；东南部岛屿主要有兰屿、小兰屿、绿岛（火烧岛）、七星岩等；还有西南部海丰岛、小琉球屿（琉球屿）等；澎湖列岛则主要包括，澎湖本岛、中墩岛、虎井屿、白沙岛、吉贝屿、渔翁岛、八罩岛、将军澳屿、大屿、东吉屿、花屿等 64 个岛屿。台湾在南海还管辖着东沙群岛、太平岛、中洲岛等。此外，关于台湾岛屿的数字，由于统计方式等原因的不同，说法也略有差异，其中一种说法是：台湾岛屿总数 224 个，澎湖列岛岛屿 90 个，马祖列岛岛屿 36 个，金门岛及周边岛屿 14 个。关于各主要岛屿的自然地理环境与社会经济概况，以下将分岛叙述：

　　台湾岛古称东鲲、瀛洲、夷州、流求、毗舍耶、东番、宝岛等，是我国台湾省的主岛。该岛位于我国东南部，西与福建省相望，北与朝鲜半岛相望，东北与琉球群岛相望，东为太平洋，南部临巴士海峡与菲律宾为邻，西南为我国南海，以广东南澳岛与台湾岛南端鹅銮鼻一线为界将东海（台湾海峡）与南海划分。全岛大致呈纺锤状，南北长、东西宽，最北为富贵角，南为鹅銮鼻，长约 394 千米，北回归线所经处岛宽约 144 千米，面积约 3.6 万平方千米，是我国第一大海岛。

　　台湾岛从地质上看属大陆岛，曾与大陆相连，由于处于板块的交接区域，因此会受到欧亚大陆板块、冲绳板块和菲律宾海板块等地质作用的影响，加之气候条件的变迁，台湾岛逐渐隆起，并在其周围形成了菲律宾海沟、马尼拉海沟、吕宋海槽和吕宋岛弧，在东北部则形成了琉球海沟和琉球岛弧等。台湾岛今天的地形特点，可以说是在其地质构造形成的过程中逐渐形成的。一般以花东纵谷为界，以东海岸山脉属菲律宾海板块，东北宜兰、龟山岛一带则是冲绳板块，以西中央山脉等则属欧亚板块，这一地区在雨水、山体运动等因素影响下，形成了西部特征。

台湾岛上地形较为丰富，特别是高山和丘陵，几乎占台湾岛面积的三分之二，主要的山脉有中央山脉，其东为台东山脉（又称海岸山脉），其西为玉山山脉，西北为雪山山脉，玉山山脉以西为阿里山脉，主要呈北南走向；其中中央山脉北起苏澳，南迄鹅銮鼻，几乎纵贯台湾岛南北。以五大山脉、中央山脉为中心，呈向东西依次递降趋势，其中最高峰为玉山山脉的玉山主峰，海拔3952米，也是东北亚第一高峰。台湾还有大面积的丘陵和台地，主要分布在阿里山脉以西，并呈带状分布，与平原和盆地相间分布，包括林口台地、桃源台地群、大肚山台地、八卦台地、苗栗丘陵、新竹丘陵等。台湾平原主要有嘉南平原、屏东平原和宜兰平原，其中嘉南平原最大，位于台湾西南，面积约4550平方千米；屏东平原次之，位于台湾西南部，其南面是台湾海峡，三面山岭，面积约1200平方千米；宜兰平原，位于台湾东北部宜兰县境内，面积约320平方千米；此外还有彰化平原、花东纵谷平原，其中彰化平原也可以说是嘉南平原的一部分，而花东纵谷平原面积约1000平方千米，处中央山脉和海岸山脉之间，因横跨花莲和台东两县而得名。盆地则主要有台中盆地，位于台湾中部，面积约380平方千米；台北盆地，位于台湾北部，面积约240平方千

米；埔里盆地（群）位于台湾中部南投县中央地带，面积约42平方千米，著名的日月潭就位于其中；泰源盆地位于台湾东部海岸山脉南端，面积约130平方千米。台湾四面环海，并有多种多样的海岸地形，北部多岬湾和岩岸，西部多沙滩、沙丘、泄湖和泥质滩地，南部多珊瑚礁海岸，东部属断层海岸，多陡峭断崖。台湾河流也与地形等因素有关，长度短而水流急，乏航运之利，以中央山脉为界，河流多分布在西部，包括浊水溪、高屏溪、淡水河、大安溪、大甲溪、乌溪、曾文溪等，东部则主要有兰阳溪、立雾溪、花莲溪、卑南溪等。

　　台湾岛气候由于受到多种因素的影响，有较多的变化。影响台湾气候的因素主要包括纬度、海陆分布、季风、洋流、地形等。其中由于北回归线横穿台湾中南部，台湾南北表现为两种气候，北部属副热带季风气候，南部属热带季风气候。由于四面临海，东为广阔的太平洋，西部与大陆仅隔台湾海峡，因此海洋气候和大陆性气候在台湾随季节而发生强弱变化，从而使台湾受到两种气候的交互影响。由于海陆间强势影响的易位，台湾明显受到季风的影响而产生降雨的差异：冬季在东北风的影响下，东北部多雨；夏季在西南风的控制下，西南部多雨。流经台湾东部并有支流穿过台湾海峡的黑潮，使得台湾温热多雨，从而影响台湾气温与降水等因素的变化。占台湾岛三分之二的山地、纵贯南北的中央山脉及雪山山脉等，对气流产生阻碍作用，从而使迎风面降水大于背风面。此外，台湾还是台风频发区，夏秋两季平均每月发生三四次，6月~9月间，台风在造成灾害的同时，还带来了大量的降水。一般来说，台湾岛上气候温和，四季常青，夏长冬短，除局部山区外，年平均气温高于20℃，南北温差较小，最热的7月份平均气温也只有27℃左右。受来自海上的冬季东北季风和夏季西南季风等湿润气流的影响，台湾岛年平均降水量为 2000 毫米以上，但时空分布不均，个别地区，如中央山脉等地区竟多达 6000 毫米，基隆因为年均 200 天的降水而被称为"雨港"。而山区，受海拔等因素的影响，甚至会出现温寒带的气候特征。

多样的地形和地貌等地理因素、独特的空间位置和气候条件，使台湾同样具备较为丰富而多样的资源。台湾的渔业主要包括远洋渔业、近海渔业、沿岸渔业和养殖渔业等，除远洋渔业外，其他渔业都与台湾周边水域、气候和地理条件有着紧密关系。由于受到大陆南向冷水性质沿岸流、北向黑潮及其支流、台湾暖流等洋流的作用，台湾海域具有丰富的营养物质和适宜的气候条件，故而为鱼贝等海洋生物提供了良好的生存环境，使这里成为优良的渔场。其鱼虾品种近 500 种，主要包括鲭鱼、鲹、鲲鳀及鲔鲣旗鱼等洄游性鱼类，还有芦虾、厚壳虾、红虾等虾类，此外乌鱼、鲳鱼、鲷类、黄鱼类、带鱼等也都是较多的渔产，但由于过渡捕捞，台湾海域的渔产也面临大范围减产的问题；近岸养殖业，也是台湾渔业的重要补充，最为突出的是鳗、虾、吴敦鱼及虱目鱼等海洋生物的养殖；此外，台湾还有较为成熟的珊瑚采集业，并曾兴盛一时；台湾岛还有不少渔港，基隆、高雄、花莲、东港等都是重要的渔港；为了弥补渔业减产而导致渔民收入降低的问题，台湾还发展了观光休闲渔业，吸引了大批的游客，产生了良好的效果。

台湾还有较为丰富的植物资源，根据相关统计，目前台湾植物种类总计 10438 种，特有种类 1139 种，原生物种保育类 334 种。占岛屿面积三分之二的山地，是各种林木和植被生长的主要区域，特别是在湿热气候的作用下，森林茂密，林木种类繁多，

天然森林覆盖面积曾占全岛土地面积的三分之二；如今约186万公顷，占全岛土地面积的52%，拥有近4000种植被，是亚洲知名的天然植物园。随着海拔的升高，林木种类呈垂直分布，其中热带林占56%，亚热带林占31%，温带林占11%，寒带林占2%左右；其中热带林以榕树为代表，亚热带则以樟树为代表，而寒温带主要有红桧、扁柏和杉木等。台湾樟树数量居世界之冠，樟脑和樟油的产量占世界总产量的70%左右；油杉、肖楠、台湾杉、红桧、峦大杉，是世界著名的优质木材，并有台北太平山、台中八仙山和嘉义阿里山等三处著名林区。

台湾还有多种多样的种植和栽培作物，其中粮食作物主要有水稻、小麦、玉米、高粱、甘薯、大豆等；经济作物包括甘蔗、茶叶、花生、芝麻、烟草、棉花、苏麻、剑麻、香茅草等；各种蔬菜更是四季常有，包括普通的白菜、西红柿、黄瓜，还有竹笋、芦笋、莲藕以及本地特产山葵、牛蒡、黄鹌菜、九层塔等；台湾的水果品种繁多，味美可口，主要有香蕉、菠萝、柑橘、龙眼、木瓜、芒果、番石榴、莲雾、人参果、酪梨、仙桃、百香果、香瓜梨等。

丰富的林木、植被资源以及良好的气候条件，使台湾拥有众多的动物资源。据相关研究成果显示，台湾动物种数合计25151种，特有种类11195种，原生种保育类174种。台湾黑熊、云豹、台湾长鬃山羊、猕猴、梅花鹿、山麂、穿山甲、飞鼠、蛇晰、山椒鱼、水鹿等是台湾的主要野生动物。各种养殖禽畜主要有猪、牛、羊、鸡、鸭、鹅、火鸡等。台湾本土的鸟类主要有酒红朱雀、栗背林鸲、媒山雀、红头山雀、兰鹏与黑长尾雉等。蝴蝶是台湾最有名的昆虫，共有10科，400多种，台湾也因此被称为"蝴蝶王国"。

　　台湾的矿产资源相对匮乏，且品种较少。目前，台湾岛仅发现 110 余种矿产资源，而可以进行开发的不过 20 余种。台湾岛上能源类资源，主要有煤炭、石油、天然气及地热等，并主要分布在台湾山系西侧，其中主要分布在大肚溪以北的煤炭资源，由于长时间开发，产量和储量已经开始减少；石油和天然气，主要分布在台湾海峡和苗栗地区，是目前台湾较为丰富的资源之一，石油储量约 3 亿多升，天然气约 107 亿立方米；地热资源，主要分布在大屯山火山群区，其中温泉近百口，可以进行经济开发的有十余处。水力资源也是重要的能源资源，台湾雨量充沛，河流虽短但流速快，同时在地形的影响下，落差也较大，因此具有非常丰富的水力能源，但由于河流分布西多东少的特点，其水力资源分布也体现出相应的特点，西部和东部水力资源分别占 73.2% 和 26.8%；目前台湾已经建立了多处水力发电站，比如大甲溪上的德基、青山、谷关和天轮等水力发电站。台湾金属矿藏，具有种类较多但储量较少的特点，目前已发现较多的矿产有金、银、铜、铁等，另外还有锰、钛、锆、独居石、汞、镍与铬等矿藏，因此其金属矿产主要靠进口；非金属矿产种类较多，且储量相对丰富，主要有大理石、石灰石、白云石、砂石、长石、蛇纹石、滑石、石棉、云母与硫磺等；此外，台湾还有较为丰富的海盐和宝石等资源，其中宝石资源主要指软玉，品种包括蓝石、猫眼石、翠玉等，但储量已大幅减少。

　　台湾自古以来就是中国不可分割的领土。远古时期，台湾与大陆通过陆路相连，两地居民之间进行着日常的往来和交流，因此，在台湾海峡形成之前，就已经有一部分大陆居民进入了台湾岛；台湾海峡形成之后，来自大陆的人们在台湾岛上定居下来，但台湾与大陆的交往始终没有断绝，从台湾地区的旧石器时代遗

■ 中国海监开展钓鱼岛海空立体巡航

址发掘出土的石器与骨器及后来的多种器物，都与由大陆出土的同一时期器物有一定的近似性；自汉代起，台湾便出现在中国的古籍中；三国时期的东吴也曾管辖台湾，并对台湾有过专门的记载；隋代也曾派军队至台湾地区；宋代更是在台澎地区设置管理机构，并将该地区纳入版图；元代设立澎湖巡检司管理台澎地区，汪大渊的《岛夷志略》对这一时期的台湾有过较为细致的描述；明代开始对台湾进行较大规模的移民和开发，并在基隆和淡水设置驻军，这些举措为后来郑成功进入台湾奠定了基础；清政府统一台湾后，进一步开发台湾，设置府县，开始了对台湾直接而有效的管辖。为了加强海防，清政府于 1885 年将台湾从福建省析出升格设立台湾省。在历史的发展过程中，台湾形成了以高山族为代表的原住民，并形成了具有一定特色的文化，但台湾文化并没有脱离华夏文化的范畴，特别是随着大规模移民的进入和郑氏在台湾的开发，台湾的文化被更加深入地纳入到中华文化的体系之内，尤其教育、生活、语言、习俗、艺术、宗教等方面与大陆有着深入灵魂的联系；而随着原住民和汉人的文化交融变迁，原住民族与汉民族的混合文化最终形成。

除工业和高科技产业外，台湾还依靠其特有的自然和人文景观，发展了旅游业。其著名景观包括日月潭八景、八仙山八景、高雄八景、台中八景、花莲八景、恒春八景、彰化八景、台南十二胜等等；此外，还有诸如泰雅、赛夏、布农、曹、排湾、阿美、雅美、卑南、鲁凯、平埔等民族的独特风土人情，台北故宫博物院，中正纪念堂等人文景观；各种旅游资源之丰富令人目不暇接，忍不住感叹台湾果然是宝岛。

澎湖列岛位于台湾海峡南部，隶属台湾省澎湖县，包括澎湖本岛在内共有 64 个岛屿。以八罩水道为界，又可将列岛分为南北

两个岛群：其中分列南部岛群包括望安岛、七美屿、花屿、猫屿、东吉屿、西吉屿等；北部岛群则主要包括澎湖岛、渔翁岛、白沙岛、吉贝屿、岛屿等。列岛总面积约126平方千米，其中岛屿面积前三位的是：本岛，面积约64平方千米；渔翁岛，面积约18平方千米；白沙岛，面积约14平方千米。其他面积较大的岛还有八罩岛，又称换门屿，面积约7.2平方千米；大屿，又称七美屿，面积约7平方千米；吉贝岛，面积约3平方千米。除此以外，虎井屿面积约2.13平方千米；将军澳屿面积约1.55平方千米；东吉屿面积约1.54平方千米；花屿面积约1.47平方千米，这些岛屿的面积也都超过了1平方千米。

除花屿外，澎湖列岛主要由玄武岩组成，各岛地势平坦，几无起伏变化，土壤均为红棕土壤，浅薄且肥力不足。与台湾岛的气候相比，这里的气候表现出较大的差异，并以大风著称。除6月~8月为南风外，其他月份多为东北风，其中风力超过6级的时间多达144天，最大风速在每秒20米以上，被称为"火烧风"；其降雨量则是台湾省最少的，并且主要集中在夏季，全年约1000毫米的降水量，夏季就占80%，而其蒸发量则高达1800毫米，因此澎湖列岛严重缺水。

澎湖列岛有丰富的海洋生物资源，除约300种鱼类外，还生产虾、贝、珊瑚和藻类等。该列岛的浅海养殖业养殖种类丰富，主要有牡蛎、斑节虾和虱目鱼。依靠渔业澎湖还发展了各类与之相关的企业，比如鱼类加工厂、冷冻厂、渔船渔具生产制造厂等。澎湖还以盛产珊瑚而著称，是台湾地区珊瑚产量最大、品质最好的产区，该产区生产白、红和桃红等多种颜色的珊瑚，其中尤以桃色珊瑚最为名贵。

澎湖列岛也形成了独特的民俗习惯，特别是有非常多的寺庙教堂，包括佛、道、天主教、基督教等约200座，其庙宇密度几乎是台北市庙宇密度的二十多倍。澎湖的信仰中，最有特色的是供奉王爷。供奉王爷中的请王仪式就是恭请王爷来坐镇，保护本村安全；村民常常在感觉村里不平安，村民出海失事，或村里瘟疫流行时，请王爷降临保佑平安。依靠其特殊自然和人文资源，澎湖已经形成了多样化的旅游资源，古迹庙宇、公园、沙滩、地质景观、公共场馆和各种山海景观每年都吸引了大批的游客。

澎湖列岛地理位置优越，具有非常重要的战略价值。其东与台湾岛相距约44.5千米，西距厦门的最短距离约138.9千米，曾是台湾与大陆间联系交往的重要通道；澎湖列岛往北可通马祖、大陈和舟山等大陆沿海岛屿，往南则通往南海和东南亚各国，它已然成为台湾海峡的中枢，因此又被称为"东南锁匙"。

钓鱼岛及其附属岛屿又称钓鱼列岛、钓鱼列屿，钓鱼台列屿、鱼钓诸岛，我国常以钓鱼岛指代。钓鱼岛及其附属岛屿属台湾省宜兰县头城镇大溪里管辖，面积约6.3平方千米。钓鱼岛，又称钓鱼台、钓鱼山、鱼钓岛、钓屿、钓台等，是钓鱼列岛中最大的岛屿，面积约4.3838平方千米，在中日钓鱼岛问题争端中，常被赋予指代主岛及其附属岛屿整体的含义。钓鱼岛及其附属岛屿大致位于北纬25°40′到26°，东经123°到124°34′之间，其中钓鱼岛本岛距离台湾彭佳屿140千米、台湾基隆港东约186千米、浙江温州港约356千米、福建福州长乐国际机场约385千米。钓鱼岛还包括多个附属岛屿，目前中国政府已经公布了包括黄尾屿、赤尾屿、北小岛、南小岛、飞岛在内的71个岛屿的标准名称和坐标。

钓鱼岛虽小，却拥有丰富的资源。主岛上有山茶、棕榈、仙

人掌、海芙蓉等植物，还有多种珍贵药材；此外，作为海鸟的栖息之地，岛上拥有丰富的鸟粪资源，而这些鸟粪资源则是提炼磷质的重要来源；钓鱼岛周边海域还有丰富的鱼类资源，长期以来都是我国福建、台湾等地渔民的传统渔场，这里盛产鲭鱼、鲣鱼和龙虾等。更为重要的，这里具有蕴含丰富石油和天然气的巨大潜力，并有着良好的开发前景，这也是数十年来中日两国纷争不休的原因之一；钓鱼岛海域的大陆架还有丰富的猛、钴、镍等矿物资源，对资源匮乏的日本来说，这里无疑具有极大的吸引力；政治和军事战略价值也是钓鱼列岛的重要资源，由于地处台湾与其东北部琉球群岛之间，因此，失去钓鱼岛意味着美日第一岛链将向中国推进，这将使中国面临更加严峻的军事和政治安全威胁；空间价值也是钓鱼岛的重要资源，这是今日国际海洋规则下海域划界的产物，当钓鱼岛被赋予完全划界效力时，钓鱼岛还将包括11700平方海里大陆架所有权，以及广大的领海、专属经济区海域面积，从而可以使我们获得更加广阔的海上活动空间和资源空间；钓鱼岛凝聚了全球华人太多的感情，承载了太多的历史和民族情感，已经成为将中华民族联系在一起的重要纽带之一，而这种价值对中华民族来讲又是无法估量的。总之，无论从物质层面还是精神层面，钓鱼岛已经不只是一座小岛或一群岛屿，而是我们维护历史权利，赢得中华民族尊严和发展空间的重要象征，这或许就是温家宝总理在谈到这一问题时，表示"钓鱼岛是中国固有领土，在主权和领土问题上，中国政府和人民绝不会退让半步"的原因所在。

从地质构造上来讲，钓鱼岛及其附属岛屿位于冲绳海槽以西，东海海床边缘欧亚板块、印度板块和太平洋板块相互作用形成的褶皱隆起带上，与台湾岛同处一个大陆架。

冲绳海槽是台湾与琉球海域和陆架的天然分界线。海水深度较深使得冲绳海槽海水的颜色比周边海水的颜色要深，因此在古代冲绳海槽又被称黑水洋、黑水沟等。冲绳海槽之所以天然地分割台湾与琉球陆架，原因主要在于两方面：一是冲绳海槽形成的地质构造运动；二是冲绳海槽两侧东海陆坡和琉球群岛岛坡上的沉积物不同。

冲绳海槽东坡为琉球岛坡，西侧为东海大陆坡，海槽也就位于东西二坡之间，地质上属于太平洋板块向欧亚板块俯冲所形成的"沟—弧—盆"体系中的弧后盆地。它今天的构造格局是欧亚板块、印度板块和太平洋板块相互作用的结果：在较早的地质年代中，菲律宾板块（属太平洋板块）向顺时针方向旋转，并向北西方向运动；后来菲律宾板块向欧亚大陆板块边缘下俯冲，在俯冲挤压作用下，逐步形成了琉球岛弧；在菲律宾板块的持续俯冲作用下，琉球岛弧西侧弧后区发生断陷，开始形成裂陷盆地，同时岛弧与东海陆架的边缘也开始发生断裂和分离，产生了冲绳海槽的雏形；板块的俯冲作用持续着，岛弧后区域（海槽雏形区域）在欧亚大陆和菲律宾板块的反方向运动（分别为南东向和北西向）作用下受到拉张力，使地壳拉张下沉，并大致形成了今天中间下凹和北东—南西走向的冲绳海槽盆地的基础；此后在漫长的裂陷、扩张、岩浆等运动的作用下，冲绳海槽不断扩张，琉球岛弧也与欧亚大陆彻底分离，向着东南方向漂移。

由于受到洋流、海水搬运作用以及地质作用的影响，海底沉积也在一定程度上显示出较为明显的区别。就冲绳海槽来说，其海底沉积主要有三种来源，即陆源碎屑堆积、火山堆积和生物堆积等。由于受到拉张作用，海槽中央裂谷带受到频繁而强烈火山活动影响，因此，海槽中央裂谷带表现为火山上基岩裸露，海底沉积物较少的特点，并主要以过渡类细粒沉积物为主；而在海槽西侧陆坡上，由于受到来自黄、东海和朝鲜海峡强劲海流的作用，低海面时代所堆集的陆缘物质受到了强烈冲刷、淘洗等侵蚀影响，从而使西侧陆坡的沉积物主要为砾石、细砂、泥质粉砂、粉砂质泥等陆源碎屑物；而海槽东侧的岛坡则除少量陆源物质外，主要为岛源或泥质粉砂，包括凝灰岩、浮岩、生物灰岩、玻屑、砾石、粉砂质泥、含玻屑有孔虫粉砂质泥或泥质粉砂等物质，显示了海槽东西两侧坡上沉积成分的不同。

而根据《联合国海洋法公约》，沿海国大陆架包括其领海以外其陆地领土的全部自然延伸，扩展到大陆边的外缘的海底区域的海床和底土，如果从基线到大陆边外缘距离不足200海里，则扩展到200海里，距离超过200海里，则不应超过350海里或不能超过2500米等深线100海里。由于东海大陆架是中国陆地的自然延伸，冲绳海槽是分割东海陆架和琉球岛架的过渡地带，且自中国领海基线到冲绳海槽中间线的距离约在190海里~270海里范围内，海槽深度达2900米以上，因此我国按照陆地领土自然延伸原则，将大陆架要求抵及冲绳海槽线的要求是符合海洋法的。

尽管远离陆地，但钓鱼岛及其附属岛屿自古就是我国人民活动的场所，其海域则是台湾和福建渔民的传统渔场，相反历史上琉球渔民则鲜有踪迹。我国对钓鱼岛具有最早发现、命名和管辖的历史。

中国人发现和命名钓鱼岛的时间当不晚于明初，事实上，一般当一条交通线发展成熟并被人普遍利用时，其真正的发现时间当远早于它的记录时间。今天的日本冲绳县所属冲绳群岛原独立于日本之外，最晚在明初，已成为中国的藩属国。明洪武年间（1372）年琉球诸国开始向明王朝纳贡称臣，并使用中国的年号，接受中国册封。此后明清两代多次发给琉球王印，并派使者册封琉球王；17世纪初，在日本的压迫下，尽管琉球也向日本萨摩藩进贡，但始终没有断绝与中国的关系；直到19世纪中期以后，英法等国骚扰琉球时，他们也是向清王朝求助，请其照会英法等国。

正是在与琉球交往和册封、派遣使者的过程中，中国的古籍留下了关于钓鱼岛的记录。目前所见最早记载钓鱼列岛名称的史籍是《顺风相送》，这是明代永乐间使臣往东西洋各国开诏时查勘航线而作，是使臣的航海报告，其中"福建往琉球"条记载了钓鱼列屿的事实；而其中勘察线路的航海记录共有五次，目的是寻找通往琉球那霸港的航路，前四次主要在福建海域，第三次到达了钓鱼岛，第五次则经钓鱼岛直航那霸港，基本确定了福建到琉球那霸的航线。而经考证，琉球人关于钓鱼岛及附近岛屿的知识也是来自中国，直至1885年，其对钓鱼岛海域诸岛情况仍不清楚，并经常与其他区域发生混淆。

明代嘉靖十三年（1534）、四十年，万历七年（1579）、二十八年分别有使者陈侃、郭汝霖、萧崇业和夏子阳到琉球进行册封，并留有《使琉球录》的记录。其中都有关于钓鱼岛、黄尾屿或赤尾屿等岛屿或文字或图说等不同形式的记录。除萧崇业外，陈侃等人还明确提出了中国与琉球的山（岛）界或水界。郭汝霖说"赤屿者，界琉球地方山也"，陈侃说

"古米山，乃属琉球者"，其中赤屿即赤尾屿，古米山即琉球久米岛，二者间有深达近三千米的东海海槽，郭汝霖在返航时，即以此为水界，"渐有清水，中国山将可望乎"，即以水为界，见有清水即知入中国海域；夏子阳的记录中也有将黑水洋、古米山（久米岛）为界的文字，如过黑水洋后，"望见古米山，夷人喜甚，以为渐达其家"等。

清代也多次派册封使赴琉球，并留下了较为丰富的记录，如汪楫《使琉球杂录》、徐葆光《中山传信录》、周煌《琉球国志略》、李鼎元《使琉球记》等。汪楫是清朝第二次派往琉球的册封使，在《使琉球杂录》中，他记录了经钓鱼岛的路线及船队过黑水沟祭祀并各种仪式的情形，同时明确指出黑水沟即"中外之界"；徐葆光以副使身份参与了康熙五十八年（1719）的册封任务，六月初一抵达那霸港后在琉球待了八个多月，查看典籍，勘察地理，问俗观风，完成了传世之作《中山传信录》，其中"福州往琉球条"除记录过钓鱼台路径外，还在古米山（久米岛）后注释其为"琉球西南界上镇山"，强调琉球西南以古米为界，在其返回中国的记录中，也有以海水颜色区分中外的内容；周煌于乾隆二十一年（1756）七月到那霸港，第二年正月底回航，前后半年时间，《琉球国志略》为明清册封使录中集大成者，内"山川"条记钓鱼岛事甚多，不但有过钓鱼岛、过沟祭海的仪式，还叙述了琉球四至，再清楚不过地指出"（琉球）海面西距黑水沟，与闽海界"；李鼎元为嘉庆五年（1800）出使琉球副使，五月抵达那霸后，待了五个多月，其《使琉球记》中记录了往琉球航行时见钓鱼台，后即祭黑水沟，见古米山琉球水手欢腾不已，表明了琉球人也认可古米山（久米岛）为其西南界山的事实，同时见钓鱼台而不见黑水沟即行祭海仪式，说明他们从中国人处知道过黑水沟祭海的传统，但却并不明详情，只知道见钓鱼岛即举行仪式，表明他们对这一海域缺乏认识的事实。

明清两代多次派遣册封使及册封使记录的航海路径，表明钓鱼岛长期起到指路航标的作用；这些记录中多次指明古米山、黑水洋为中琉分界的内容，表明了中琉基本认可琉球海槽为两国分界的基本事实和海槽作为两国传统分界的历史事实；明清两代官方使者关于钓鱼岛的记载正是古代中国王朝宣誓主权的方式之一。古代中国还对钓鱼岛进行了有效的管辖，集中体现在郑若曾《筹海图编》中。这是一部应对明代倭寇的军事性质的海防著作，这部著作的作者由于被当时防倭最高指挥官胡宗宪征入幕府，因而具有深厚的官方背景。其中《沿海山沙图》中的福建图将钓鱼岛在内的台湾北部诸岛划入了中国海防区域，而且这幅图也是根据官方资料做出的军用地图。处于中国海防区域内的钓鱼岛诸岛，又怎么会是国界之外的他国领土？钓鱼岛及其附属岛屿的最早发现、命名和管辖的历史，明确了我国对它们的原始性权利和历史性权利。

所谓历史性权利，是当今国际法赋予主权声索国基于历史占有的权利。虽然历史性权利在国际法中始终缺乏相对严密而有说服力的法律条文，但事实上它却是国际法院、国际海洋法庭以及各仲裁法庭处理国际主权纠纷时常被纳入考量范围的因素之一。从以上地质状况和古代中国对钓鱼诸岛的历史行为来看，钓鱼岛及其附属岛屿，自古以来就是中国的固有领土，这一主张目前已经得到了地质、历史和国际法的较为有力的证明和支持。

日本在19世纪中后期和20世纪中后期这两个阶段对钓鱼岛有着侵占野心，尽管地狭缺乏发展空间和基础，是其两次产生侵占野心的相同诱因，但这两次又有不同的历史背景和刺激因素。

明治维新之后，日本实力开始上升，但野心膨胀的速度远超实力上升的速度，对土地的渴望促使他们于明治五年（1872）便强行推行所谓"处理琉球"的政策，灭亡了琉球王国，1879年则将其全部吞并，使之成为了日本"冲绳县"；此后，日本进一步图谋台湾，并企图以钓鱼岛为跳板，达到进一步扩张的目的。终于，随着1894年甲午战争进行，日本获得了占领钓鱼岛的机会，并于1895年《马关条约》签订后进一步得到了台湾及其附属岛屿的"合法所有权"，至此，日本开始将钓鱼列岛称为"尖阁列岛"。

　　20世纪60年代末开始延续至今的钓鱼岛问题，则是与石油和天然气等能源和各种矿物资源的探测和发现紧密相关。1969年钓鱼岛周边海域蕴藏大规模油气资源的消息深深地刺激了日本这个缺乏各种资源特别是能源资源的岛国的神经。为了实现其能源大国、资源大国的梦想，获得尽可能多的利益，日本通过各种手段试图控制并永久占有钓鱼岛及其周边海域和陆架，并不惜煽动民族情绪，制造中日对立。为了获得足够的能源资源，日本政府制定了《关于划定大陆架基本构想》，企图将其大陆架延伸至领海基线外350海里。日本政府认为这样他们就会获得足够的资源，提升国力。2003年日本官员称，包括钓鱼岛海域在内的65万平方千米的大陆架范围内，蕴含着足够日本消耗320年的锰、1300年的钴、100年的镍、100年的天然气及其他矿产和渔业资源，如果这些区域全部归日本所有，日本将成为一个资源大国。日本对占有海上和大陆架各种资源充满了狂热，在这种狂热的影响下，日本对占据钓鱼岛的决心及其所作所为也就不难理解。为了能够实现其能源大国和世界大国的梦想，日本无论做出什么举动，都不令人吃惊，这也是我们在维护钓鱼岛主权的斗争中必须认识到的。此外，钓鱼岛所具有的国际政治军事战略地位、日本国内的民族主义情绪及钓鱼岛及其附属岛屿可能带来的领海、专属经济区等因素，也是促使日本加紧非法控制钓鱼岛及其海域的重要因素。

总之，钓鱼岛问题是一个复杂的问题，它的解决也必然是长期而艰难的，并将受到中日国内、国际的政治、经济、军事等多方面因素的制约和影响。钓鱼岛问题将是对中日两国关系，甚至是地区安全与稳定的重大考验。

苏岩礁

韩国称苏岩礁为离于岛，是一座水下暗礁，位于韩国济州岛西南部，中国东海北部中、韩两国专属经济区的重叠区域内；具体位置为北纬 32° 07′42″，东经 125° 10′45″，最浅处水深 4.6 米左右，礁盘呈椭圆形，为东北—西南走向；空间上距江苏南通和上海崇明岛以东约 277.8 千米，距舟山群岛最东侧的童岛 247 千米，是江苏外海大陆架延伸的一部分。其所在海域为我国山东、江苏、浙江、福建、台湾 5 省渔民捕鱼的传统渔场。

由于《联合国海洋法公约》规定"专属经济区从测算领海宽度的基线量起，不应超过二百海里"，并赋予沿海国专属经济区内一定的权利，包括勘探和开发，以养护和管理海床上覆水域、海床及其底土的自然为目的的主权权利；在该区内从事经济性开发和勘探，如利用海水、海流和风力生产能等的主权权利；此外还对人工岛屿、设施和结构的建造和使用、海洋科学研究、海洋环境的保护保全拥有管辖权等。但前提是其所主张的 200 海里专属经济区没有争议。显然，当相向两国之间的海域宽度从各自的领海基线起不足 400 海里时，必然带来专属经济区的重叠，如何处理、划分重叠海域，海洋法除一些基本原则外，并没有给出一个一般性的方法，这也就导致了重叠海域划界问题的产生。苏岩礁

所在海域，正处于这样一个中韩专属经济区产生重叠的海域，由于缺乏一般性的划界方法，因此如果能在这一重叠海域造成既成事实，那么既可以直接获得一手数据和资源，或许还可以支持其对该重叠区域的主权主张，进而获得对该区域资源的主权。但苏岩礁问题，还不仅仅只是表面上对经济专属区的范围和专属区内资源的争夺，其中还蕴含着这一个"变礁为岛"的问题。

尽管苏岩礁只是位于两国经济专属区重叠区的水下暗礁，并不存在事实上中韩领土争端，而且中韩两国中许多人已形成了苏岩礁不具有领土地位的共识，但韩国还有人认为韩国"东有独岛，西有离于岛"，将苏岩礁看作一个与独岛具有同等地位的岛屿，并采取了一定的措施。一方面，韩国于 2001 年正式将苏岩礁命名为"离于岛"，并规范了其文字，尽管韩国在多种场合表示苏岩礁只是一个水下暗礁，不同于独岛，但其将"礁"称为"岛"的举动，很难让人相信其没有其他的想法。另一方面，韩国从 2000 年下半年开始，打桩兴建了重 3600 吨，相当于 15 层楼高的"韩国离于岛综合海上科学基地"，该工程项目 2003 年 6 月完成并投入使用；科学基地上装有直升机停机坪、卫星雷达、灯塔、气象设备、太阳能电池等设备，还有工作人员轮换常驻基地；尽管其声称该基地"并不是为了将其视为划分领土的基点，只是为了海洋探测及救助遇难者而设立的"，但目前的实际情况是韩国在苏岩礁问题上，进可化"礁"为"岛"，退可实际控制该海域，从而为其经济专属区的划分埋下伏笔。

总之，苏岩礁虽小，但由于处于东海这个具备重要军事、政治战略价值和潜在丰富资源的区域，因此其前景具有多种可能，并对中韩关系造成一定影响。

第四章

浩瀚的亚热带海域——南海

■ 南海风光

　　我国最南部有一片辽阔的蔚蓝色海域，亿万年来，它始终犹如一条浪漫的巨型缎带散发着诱人而又深邃的光泽，并与崇峻的高山、广阔的平原和茂密的森林一起，组成了一道特殊的自然地理风景线，这就是我国的南海。

　　南海是位于中国南方的陆缘海。它属于西太平洋的边缘海的一部分，与中国陆地偎依相连。南海在我国古代有"涨海""沸海"不同的称谓，至清代以后始称南海。我国南海，在英文里被称为"South China Sea"，因此，南海也称南中国海或中国南海。

　　南海海域形状大体上呈由东北向西南伸展的态势，其西起万安滩，东至黄岩岛，东西相距约900千米；南北跨度更大，南起曾母暗沙和亚西暗沙，北至北卫滩，约1800千米。其海域总面积达356万平方千米，接近我国陆地面积的一半，大致相当于渤海、黄海和东海总面积之和的三倍，是我国四大边缘海中最大的海域。它平均水深1212米，最大深度为5559米，也是我国平均深度最深的边缘海，在世界上仅次于珊瑚海和阿拉伯海，居世界第三位。

　　在浩瀚的南海中，东沙群岛、西沙群岛、中沙群岛和南沙群岛构成了南海的主体。在四个群岛上，共分布着200多个岛屿、沙洲、暗礁、暗沙和暗滩，它们比较分散地分布在海南岛以南和以东，这些岛礁被合称为南海诸岛，其陆地面积约为5286.5平方千米。

　　南海是位于东南亚的陆缘海，其沿岸与我国的广西、海南、广东、香港特别行政区、福建和台湾等省级行政区相接，东北以台湾海峡与东海相连，东经民都洛海峡和巴拉巴克海峡达苏禄海，南经卡里马塔海峡、邦加海峡抵爪哇海，向西经巴士海峡、巴林塘海峡和巴延布海峡与广袤的太平洋相通，西南经新加坡海峡和马六甲海峡与印度洋相通。与我国隔海相望的海上邻国有菲律宾、印度尼西亚、马来西亚、文莱和新加坡。从这个意义上来说，南海海域不仅是连接太平洋和印度洋的海上运输航线，而且还是一个巨大的资源宝库，具有重要的军事和战略价值。

一、地质构造

南海地貌概况

从地质构造上看，南海处于欧亚板块、澳大利亚板块和太平洋板块的交汇地带，是唯一具有洋壳的边缘海。在距今 2.25 亿 ~ 1.30 亿年间，现在的南海和附近地区还是一片广阔的陆地。在太平洋板块向欧亚板块俯冲的过程中，南海陆块下沉并开始解体，逐渐形成了中央盆地。距今大约 0.7 亿年，中央海盆发生了东北向的断裂，海盆向西北向和东南向两个方向进行扩张。至新生代第三纪中期，南海地区又发生了一次剧烈的地壳运动，太平洋及印澳板块向欧亚板块不断地俯冲和挤压，形成了海沟—岛弧—弧后盆地，今天的南海即位于弧后盆地的上部。地下岩浆不断从海底地壳的裂缝中喷涌而出，致使中央海盆出现了大小不等的火山锥。在地壳不断运动的过程中，南海的轮廓日渐形成。

南海的构造层主要为喜马拉雅期构造层，可划分为上、下两个构造亚层。下亚构造层包括上白垩统到下渐新统，上亚构造层

包括中渐新统至第四系，两者呈角度不整合接触。南海的褶皱基底发育有前寒武纪、加里东、海西、印支、燕山等褶皱基底以及大洋玄武岩基底。

其岩浆活动主要发生在晚燕山期和喜马拉雅期。晚燕山期的岩浆活动主要出现在陆缘外侧优地槽区，为基性、超基性岩浆的侵入和喷发，而陆缘内侧的华南陆缘活化带则主要为中、酸性岩浆的侵入和喷发，岩浆活动前缘明显逐渐向东南迁移到现在的海区。喜马拉雅期的岩浆活动则主要表现为大规模的基性和超基性岩浆的侵入和喷发。

长期的地壳运动造成了南海海底复杂的地形状态。南海地貌类型有大陆架、岛架、大陆坡和岛坡、深海平原、海底山脉、海底高原、海槽、海沟和海谷等，主要以大陆架、大陆坡和中央海盆三个部分为主。中央海盆位于南海中部偏东地带，呈扁菱形状，海底地势从东北向西南逐渐变低。大陆架沿大陆边缘和岛弧分别以不同的坡度倾向海盆中，北部和南部是面积最广的区域。大陆坡在中央海盆和周围大陆架之间，可分为东、南、西、北四个区域。长期的地壳变化使南海海盆逐渐加深，造成了深海海盆，南海诸岛就是在海盆隆起的台阶上形成的。其中，东沙群岛位于北部陆坡区的东沙台阶上；西沙群岛和中沙群岛则扎根于西陆坡区的西沙台阶和中沙台阶上；南沙群岛形成于南陆坡区的南沙台阶上。

值得注意的是，在南海形成过程中，由于地球动力环境与华南大陆是有明显区别的，因此虽然南海与大陆有密切的亲缘关系，但也因受到相应的改造而适应了新的地质环境。

由于陆架地质从断陷发展到坳陷加之由此而形成的沉积作用不断加强，使被强烈分割而成的南海北部大陆架基底的岭谷地貌演变为统一的珠江口沉积盆地和非常平坦的陆架地貌。因此，南海的海底地貌与我国大陆地貌既有密切的亲缘关系，又有其独特的海洋地貌特征。正是这种海陆兼具的特点，表明了南海地形是大陆型地貌和大洋型地貌之间的过渡型地貌。

南海中央海盆是东亚陆缘晚白垩纪以后经过多次和多轴向洋扩张而形成的小型洋盆。它的出现丰富了南海海底的地貌类型，除了有深海平原、海底火山和海沟外，其地貌还有独特的一面。第一，南海中央海盆中，除西北和西南呈基本对称分布状态外，其他区域无论从陆缘性质、构造格局还是从地貌特征来看，均呈不对称形状，表现为不对称的陆缘裂谷形态。第二，中央海盆东缘向东阶梯状断落构成了马尼拉海沟的两侧。海沟与边缘海的共生关系及海沟位于边缘海一侧并向边缘海明显突出的特征，与亚洲大陆东边缘沟—弧盆体系的组合关系完全相反。第三，中央盆地为扁菱形，呈北东向，其东面的台湾—菲律宾岛弧系走向为南北方向，中央海盆内的海底火山链及其西缘的海槽走向均为东西向。

南海海底地貌分类

按照地貌的成因，南海海底的地貌类型大致可分为5个大类24个小类。

（1）构造地貌

构造地貌是由断裂、褶皱及海底火山喷发等地质构造活动而形成的地貌类型。

①构造脊

南海海底的构造脊由基底断隆组成，主要分布在大陆架的前端。构造脊的存在阻挡了陆架沉积物向海盆内的延伸。

②水下断崖

断裂活动是南海地貌形成的主要因素之一。实质上，南海不同的地貌单元之间的分界线即是断裂线。由断裂而形成的地貌称为断崖地貌。在深海海盆与陆坡的交界地带，断崖形态较为明显。南海的水下断崖落差从数百米到千米不等。我国四大海区中，南海具有最明显的水下断崖地貌。

③海底高原

南海的海底高原是由华南陆缘发生张裂而分离出来的一些具有陆壳和过渡陆壳结构的地块，这些地块分布在深海盆地的四围，一般可达3500米～4200米。可分为如东沙和西沙海底高原的张裂形海底高原、中沙海底高原式的裂离海底高原和南沙海底式的漂离海底高原。

④陆坡台阶

陆坡台阶是南海的主要地貌之一。地质研究表明，南海共有五级陆坡台阶，分别为300米～400米；1000米～1500米；1500米～2000米；2200米～2400米和2500米～2800米。主要分布在北、西和南部三个方位，由近海向远海逐渐加深。

⑤海底山脉

南海海底分布着巨大的海底山脉，主要有北东向、近东西向和南北向三个组别。东沙群岛附近的南部陆坡上有高出邻近海底500米～1500米的海底山脉。中沙海底高原西南方的海底山脉和中央海盆中部、东部的海底山脉皆巍峨高大，是典型的海底大型隆起地貌。

⑥海山链

三个以上呈线性排列的海山组合称为海山链。在南海以深海盆地中部黄岩岛和其两侧的海山组成最为典型，也称为黄岩海山链。

⑦海底裂谷

南海的海底裂谷主要分布在黄岩海山链的北面和南沙陆坡之下的深海盆地中。

⑧海槽

海槽是陆坡上或洋盆底部长条形、比海沟相对宽浅的洼地，具有较陡的边坡和较平坦的槽底。南海主要有台湾西南海槽、南沙海槽等。

⑨海沟

海沟是海底最深的地方，深度超过 6000 米的狭长的海底凹地。两侧坡度陡急，分布于大洋边缘。最大水深可达到 10000 多米。在南海海盆中唯一的海沟是马尼拉海沟，全长 350 千米，最深处 5377 米。

⑩深海丘陵

深海丘陵是指深海盆地中的低缓的圆丘形的形态。它高出周

■海底火山喷发

围的深海平原的高度可达 1000 米之多，它的底部的宽度可达几千米。深海丘陵在所有大洋盆地中都有分布。南海的深海丘陵主要分布在北海盆南沿和中部海山区，高度在 100 米～300 米之间。

⑪海底火山

海底火山主要指形成于浅海和大洋底部的各种火山。包括死火山和活火山。地球上的火山活动主要集中在板块边界处，而海底火山大多分布于大洋中脊与大洋边缘的岛弧处。南海的海底火山主要分布在海盆的中部和南沙的海底高原区，多在海面以下。

(2) 构造—侵蚀地貌

⑫溺谷

溺谷一般指由于海平面上升而被淹没的古河谷。台湾东部地区有古韩江和九成江溺谷。珠江口和七洲列岛地区也有溺谷的残存。

⑬海底峡谷

海底峡谷指横剖面呈 V 字形的海底地形。发育于大陆边缘，主要在大陆坡上，头部多延伸至陆坡上部或陆架上，甚至接近海岸线，谷轴弯曲，支谷汊道甚多，形似陆上的峡谷。峡谷头部平均水深约 100 米，末端水深多在 2000 米左右，少数可深达 3000 米～4000 米。多数可延伸至大陆坡麓部，峡谷口常为缓斜的海底扇地形。南海的海底峡谷主要分布在断裂带上，陆架外缘与上陆坡交接处和下陆坡到深海盆地一带。

⑭平顶山

具有相对平缓顶部的海山称平顶山。南海海盆中部海山区分布较广。

⑮海釜

圆形、椭圆形锅底状的海底小型凹地。多发育于海峡地区，主要由潮流产生的涡流侵蚀而成，也是海峡区域的深水区。南海的海釜主要在琼州海峡一带。

（3）构造—堆积地貌

⑯陆架平原

陆架平原是淹没在水下的大陆延伸部分，表面坡度较小且面积广阔。南海的南北两部出现的陆架平原按其地理分布及成因又可分为海湾平原、内陆架平原、中陆平原和陆架平原等类型。

⑰深海平原

深海平原是指坡度小于 1：1000 的深海底部，也是大洋盆地的重要组成单元。常位于大陆隆和深海丘陵之间，水深 3000 米 ~ 6000 米，大型的可延伸几百至几千千米。覆盖着较厚的沉积层，沉积物都是浊流自大陆边缘搬运来的。南海海盆底部的平坦区均是深海平原。

（4）堆积地貌

⑱水下阶地

水下阶地主要是指晚更新世末冰后期由于海面在上升过程中发生了间歇式的停顿而形成的地貌类型。南海北部和南部陆架均有发育完整的水下阶地。

⑲水下三角洲

三角洲是河流流入海洋、湖泊或其他河流时，因流速减低，所携带泥沙大量沉积，逐渐发展成的冲积平原。在流入南海的河流河口区也有三角洲的存在。韩江、珠江、红河等河口都可以见到这种地形。

⑳潮流三角洲

潮流三角洲是指海潮将沉积物运送到水动力减弱地区后而形成的扇形地貌。琼州海峡东、西两端的出口处最为典型。

㉑深海扇

深海扇指分布在陆坡麓下扇开堆积地貌。此种地形主要分布在南海北部陆坡和西部陆坡的基底。

(5)生物地貌

㉒暗沙和暗滩

指表面沉积有沙砾、贝壳等松散碎屑物质的暗礁。河床底部形成的一种冲积物堆积体，通常淹没于水中的浅滩。这种地形在南海诸岛中均可见到。

㉓生物礁

生物礁指在各个不同的地史时期由各种生物遗体所形成的礁体。南海的生物礁主要由石珊瑚、石灰藻等生物体形成，此地貌在南海广有分布。

■ 三沙：平静的海面下蕴含无限的资源　国家海洋局提供

㉔生物礁岛

原生礁被侵蚀、破碎后堆积在礁坪上而形成次生礁。当堆积增加至露出水面后，发育为生物岛礁屿。南海除个别火山地貌外，均有生物礁岛地形。

 二、自然资源

亿万年来，持续不断的地层运动孕育了南海丰富的自然资源，同时独特的地理位置又使南海成为了动物、植物和鸟类的天堂。

 油气资源

南海海域丰富的油气资源与南海地貌的形成密不可分。南海海域是世界上主要的沉积盆地之一，其底部有各类沉积盆地37个。新中国成立后，我国陆续开展了对四大海区的海洋油气的勘测工作，渤海、南黄海、东海、珠江口、莺歌海和北部湾等含油气盆地相继被发现。

随着海上油气勘探技术的不断进步，目前我国已经探明了南海油气资源的富集区集中在大陆架海区，主要含油气盆地有：珠江口盆地、北部湾盆地、莺歌海盆地、琼东南盆地和台湾浅滩南盆地；南海南部的暹罗湾盆地、马来盆地、循公盆地、西贡盆地、西纳土纳盆地、彭尤盆地、东纳土纳盆地、沙捞越盆地、沙巴盆地、西巴拉望陆架盆地和礼乐滩盆地。这些含油气盆地总面积为85.24万平方千米，约占南海陆架总面积的一半，我国南海石油地质储量大致在230亿吨至300亿吨之间，约占全国总资源量的三分之一，其中70%蕴藏于153.7万平方千米的深海区域。现在已探明的含油气构造200多个，油气田180个。整个南海盆

■ 我国首艘深水铺管起重船"海洋石油201"起航赴南海

　　地群潜在石油总藏量约为550亿吨，天然气20万亿立方米，因此南海被称为"第二个波斯湾"。

　　中国海洋石油总公司将在未来20年内投资2000亿元逐步加大开发南海油气资源的力度，力争建成一个"南海大庆"。到2020年，我国将具备1500米～3000米水深的勘探开发队伍、装备和能力；同时具备在南海深水区建成年产4000万吨～5000万吨油当量的能力；深水油气田勘探开发技术能达到世界先进水平，并由此走向大洋。

矿产资源

南海诸岛是矿产资源的集中地区。现在已探明的有价值的矿藏达数十种，其包括铁、锰、铜、镍、钴、锌、铅等金属矿产，沸石、珊瑚贝壳灰岩等非金属矿产以及热液矿床。

（1）锰结核

锰结核又称多金属结核、锰矿球、锰矿团、锰瘤等，它是一种铁、锰氧化物的集合体，颜色常为黑色和褐黑色。锰结核的形态多样，有球状、椭圆状、马铃薯状、葡萄状、扁平状、炉渣状等。锰结核的大小从几微米到几十厘米不等，重量最大的可达几十千克，它广泛分布于太平洋海底表层。锰结核中一半以上是氧化铁和氧化锰，同时还含有镍、铜、钴、钼、钛等二十多种元素。锰结核不仅储量巨大，而且还会不断地生长，其生长速度因时因地而异，平均每千年长 1 毫米。锰结核所含的金属钛，密度小、强度高、硬度大，已经被广泛应用到航空航天工业，因此有"空间金属"的美称。假如把全世界海底的锰结核全部进行冶炼，那么人们能够获得 4000 亿吨锰，可供人类使用 3.33 万年；能提取镍 164 亿吨，可供人类使用 2.53 万年；能提取钴 58 亿吨可供人类使用 2.15 万年；能提取铜 88 亿吨，可供人类使用 980 年。目前世界上商业性开发大洋锰结核的年产量约为 1000 万吨，21 世纪中叶以后，大洋锰结核可能会成为世界上最稳定的矿物来源之一。

我国从 20 世纪 70 年代中期开始对南海进行了多次海底矿产资源勘查，采集了南太平洋的锰结核样品，随后发现了有重大开发价值的海底锰结核矿藏。1978 年，"向阳红 05 号"海洋调查船在太平洋 4000 米水深海底首次捞获锰结核。1988 年，我国的

"海洋 4 号"科学调查船在南海尖峰山区水深 1480 米处采获锰结核 262.72 千克;"向阳红 16 号"发现了约 10 万平方千米的锰结核远景矿区。

2011 年 7 月 28 日、30 日,我国蛟龙号载人潜水器顺利完成了 5000 米级海上试验第三及第四次下水任务,并成功带回了 5000 米海底锰结核的画面和海底锰结核样本,由此揭开了我国开发海底锰结核矿源的新篇章。

(2) 富钴结壳

富钴结壳是南海地区珍贵的矿产资源之一。根据我国在 20 世纪 80 年代的科学考察显示,水深 1500 米~1900 米的宪北海山、珍贝海山和双峰海山地区发现了富钴结壳资源。富钴结壳厚度一般为 1 厘米~3 厘米,最厚达 4 厘米~5 厘米,采集到的最大一块富钴结壳块体积达 73150 立方厘米,重 39.3 千克。南海诸岛附近海底是钴、镍、金、铂等金属元素较为富集的地区,同时也是海底富钴结壳矿床储量较高的地带。

(3) 铁锰微粒

在南海广大的深海平原地区还有着类似大洋锰结核的铁锰沉积物——铁锰微粒。这种金属微粒呈褐黑色,质地疏松,有暗淡金属光泽,比重不大于 2.8 克/立方厘米,大部分为细沙级,粒径 0.063 毫米~0.25 毫米,最大可达 3 毫米,呈团粒状;从矿物组成上看主要以铁锰氧化物和氢氧化物的非晶质相为主,其次为纳水锰矿;化学成分以锰为主,同时还含有铁、镍、铜、钴、锌等 30 多种元素,属大陆边缘海型的铁锰沉积物。其分布区在南海北部的深海盆地和中沙群岛以南、振华海山至中南海山以西的深海盆与陆坡外缘。富集度大于0.1%的铁锰微粒区几乎占据了整个北区的深海平原，大于0.3%的高值区位于盆地的中心，高值区的平均富集度为0.41%，最高为0.49%。南部海区中，铁锰微粒沉积主要分布在水深3500米以下的褐色至黄褐色粉沙质粘土中，中沙南海槽富集度均大于0.1%，最高为0.3%；中南海山西南面富集度平均为0.32%，最高为0.37%。

（4）珊瑚礁岩

珊瑚礁岩是指珊瑚群体死后其遗骸构成的岩体。珊瑚虫是海洋中的一种圆筒状腔肠动物，在白色幼虫阶段便自动固定在先辈珊瑚的石灰质遗骨堆上。珊瑚是珊瑚虫分泌出的外壳，珊瑚的化学成分主要为碳酸钙，以微晶方解石集合体形式存在，成分中还有一定数量的有机质，形态多呈树枝状，上面有纵条纹，每个单体珊瑚横断面有同心圆状和放射状条纹，颜色常呈白色，也有少量蓝色和黑色。珊瑚不仅形象像树枝，颜色鲜艳美丽，可以做装饰品，并且还有很高的药用价值。珊瑚礁的主体是由珊瑚虫组成的。每一个单体的珊瑚虫只有米粒那样大小，它们一群一群地聚居在一起，一代代地新陈代谢，生长繁衍，同时不断分泌出石灰石，并黏合在一起。这些石灰石经过以后的压实、石化，形成岛屿和礁石，称珊瑚礁。南海的西、南和中沙群岛海区除高尖石岛外，其他岛屿、沙洲的礁盘都是由珊瑚贝壳碎屑灰岩、沙砾或珊瑚礁灰岩组成，是一种含钙质很高的岩石，这种岩石可烧制

■ 南海珊瑚　李国强/摄

成优质的建材石灰。

(5) 沸石

沸石是含水的碱金属或碱土金属的铝硅酸矿物。沸石族矿物常见于喷出岩，特别是玄武岩的孔隙中，也见于沉积岩、变质岩和热液矿床沉积中。工业上常将其作为分子筛，以净化或分离混合成分的物质，如气体分离、石油净化、处理工业污染等。沸石还可提高水质和软化水质，使不能饮用的水变为饮用水。西沙高尖石岛的玻基辉橄岩质火山角砾中的沸石比较典型。

(6) 海底热液矿床

由海底热液作用形成的硫化物和氧化物矿床。一般按其形态分为海底多金属软泥和海底硫化矿床两种。1977年伍兹霍尔海洋研究所 R.巴拉德等人在加拉帕戈斯裂谷发现的热泉以及在北纬21° 的东太平洋海隆观察到温度最高达 $380℃ \pm 30℃$ 的热泉，泉口旁都有海底热液矿床。当热液刚喷出时清澈透明，与海水相混时遇冷便激起混浊的碱性水柱，并析出很细小的铁、铜、锌等的硫化物颗粒，它们堆积在热泉口旁，成为海底热液矿床。这是海底热液矿床的最初发现。

现在世界上已经发现了超过11处的海底热液矿床，这种矿床极有可能成为一种新型的海底矿产资源。依其产出位置大致可分为大洋中脊型、岛弧—边缘海型、热点型和活动断裂型。从地质构造来看，南海盆地的部分区域也是海底热液矿床易产生区。目前对这一地区的海底热液矿床调查和开发已经启动。

动力资源

海洋是一个不停运动的巨大水体。奔腾不息的运动中也使海水蕴藏着无尽的能量。潮汐发电、波浪发电、温差发电、海流发

电、海水浓度差发电以及海水压力差的能量利用等是现在人类能够利用海洋能源的主要形式。据科学预测，世界海洋动力能源的蕴藏总量为750多亿千瓦，其中波浪能占93%，为700亿千瓦，居海洋能的首位；其次是温差能达20亿千瓦；此外潮汐能、海流能、盐差能各为10亿千瓦。

(1) 潮汐能

潮汐能是指海水潮涨和潮落形成的水的势能，它包括潮汐和潮流两种运动方式所包含的能量。据估计，世界海洋潮汐能储量约为27亿千瓦，若全部转化为电能可达1.2万亿度。我国海洋潮汐主要是由太平洋传入的潮波而引起的。太平洋潮波对我国海区的影响主要分为两支：一支由太平洋经我国台湾省和日本九州之间的水道进入东海、黄海和渤海；另一支经台湾与菲律宾之间的巴士海峡进入南海。我国潮汐能资源的理论蕴藏量为 1.9×10^8 千瓦，可开发利用的装机容量为 2157×10^4 千瓦，可开发的年电量为 618×10^8 千瓦时，占世界潮汐能总量的十分之一。

潮汐能的主要动力来源是潮差，南海以北部湾潮差最大，其湾顶部潮差可达5米以上。在全国可开发的398处潮汐坝址中，南海地区拥有148处，占全国总量的37.2%。

(2) 波浪能

波浪能是指海洋表面波浪所具有的动能和势能。波浪的能量与波高的平方、波浪的运动周期以及迎波面的宽度成正比。因此，波浪能也是海洋能源中能量最不稳定的一种能源。全世界波浪能的理论估算值为 10^9 千瓦量级，我国沿海理论波浪能年平均功率约为 1.3×10^7 千瓦。波浪能利用的主要方式是波浪发电。同时，波浪能还可以用于抽水、供热、海水淡化以及制氢等。

我国南海地区波浪能的动力来源主要是风能。东北季风和西南季风是南海海区的主要季风类型。据统计，南海海区平均有效风速每秒大于等于 3 米的时间为 6000 小时～8000 小时。

南海海域的波高一般在 1.3 米～10 米，平均波高可达 1.4 米。理论值功率为 1726.1 万千瓦。整个海域波浪能的蕴藏量为 632.5 万千瓦，占全国波浪能总蕴藏量的 27.5%，其中三沙市海域和广东东部海域是波浪能的主要分布区。

(3) 温差能

温差能是指利用海洋受太阳照射而形成的表层水与较冷的深层水之间的温差进行发电而获得的能量。温差能的产生条件是：海面与 750 米～1000 米深处的海水四季温差都有 20℃以上，且在近海地区。全球海洋热能的储量相当可观，估计约在 40 万亿千瓦以上，若从南纬 20°到北纬 20°的区间海洋洋面，用其中的 50% 发电，海水水温仅平均下降 1℃，就可以获得 600 亿千瓦的电能，这一数字相当于目前全世界所产生的全部电能。

我国温差能分布在台湾省的太平洋沿岸，那里岸边是陡崖，20℃以上温差的海域距岸数千米，是理想的开发温差能的地方。南海诸岛温差能蕴藏丰富，而且距岛屿海岸非常近，所以开发条件较好。

(4) 海流能

海流能是指因海水流动而产生的动能，主要是指海底水道和海峡中较为稳定的流动以及由于潮汐导致的有规律的海水流动所产生的能量，是另一种以动能形态出现的海洋能。根据科学测算全球的海流能高达 5 太瓦。目前我国可开发利用的海流能量约 0.2 亿千瓦。

由于南海盛行季风海流，所以形成了多个强海流区，其中位于沿海一带的 23 条海流均蕴藏着海流能。地处珠江口和琼州海峡

■ 海水流动产生海流能　李国强/摄

的海区是强潮流区，此处的最大流速可达到6节~7节，每平方米的最大能流密度为4.35千瓦。

(5) 盐差能

盐差能是指海水和淡水之间或两种含盐浓度不同的海水之间的化学电位差能，是以化学能形态出现的海洋能。主要存在于河海交接处。同时，淡水丰富地区的盐湖和地下盐矿也可以利用盐差能。盐差能是海洋能中能量密度最大的一种可再生能源。研究表明，世界各河口区的盐差能可达30太瓦，可能利用的有2.6太瓦，占全部盐差能的8.7%。我国的盐差能估计为1.1×10^8千瓦，主要集中在各大江河的出海处。

就南海而言，特殊的地理和气候环境使这里形成了丰富的盐度差资源。总体上看，盐度呈由东北向西南递减的趋势。旱季时南海的盐度较大，雨季较小。虽然现在还不能准确预测南海的盐差能，但不可否认，南海盐差能的开发前景是十分乐观的。

植物资源

植物资源是在目前的社会经济技术条件下人类可以利用与可能利用的植物，包括陆地、湖泊、海洋中的一般植物和一些珍稀濒危植物。南海海区有适宜海洋植物资源的良好环境，所以植物资源异常丰富，其中海藻类是南海海区的主要植物资源之一。

海藻是生长在海中的藻类，是植物界的隐花植物，藻类包括数种不同类的以光合作用产生能量的生物。海藻通常固着于海底或某种固体结构上，是基础细胞所构成的单株或一长串的简单植物。南海的海藻种类众多且资源十分丰富，基本上都属于热带性藻类，主要生长在西沙、东沙、中沙和南沙群岛的珊瑚礁礁盘上。南海较为常见且具有较大经济价值的海藻种属有二十多个，包括：

紫菜属、石花菜属、鸡毛菜属、凝花菜属、海萝属、麒麟菜属、沙菜属、凹顶藻属、鹧鸪菜属、海蕴属铁钉菜属、萱藻属、鹅肠菜属、海带属、马尾藻属、礁膜属等等。比较常见的海藻种类有：蕨藻、总状蕨藻、网胰藻、团扇藻、乳节藻、棉絮藻、匐扇藻、松藻、刚毛藻、石灰藻、仙掌藻、法囊藻、喇叭藻、粉枝藻、海萝、麒麟菜等等。其中有代表性的有海人草、马尾藻、海萝和麒麟菜等。

海人草是南海著名的藻类植物，又名鹧鸪菜、海仁草，藻体丛生，多生长在 2 米～5 米深的珊瑚块中。一般株高 5 厘米～25 厘米，暗紫红色，软骨质，不规则的叉状分枝。主要产地为东沙岛。海人草采割后，一年后即可复生，具有较高的经济和药用价值。

马尾藻是褐藻的一属，生长在低潮带石沼中或潮下带 2 米～3 米水深处的岩石上。藻体分固着器、茎、叶和气囊四部分。茎略呈三棱形，叶子多为披针形。可做饲料，又可用来制褐藻胶和农业绿肥。马尾藻广泛分布于暖水和温水海域，我国南海是马尾藻主要产地之一，约有 60 种。海南岛和涠洲岛是该藻类较为集中的地区。

海萝又称鹿角、猴葵、纶、赤菜、牛毛菜、毛毛菜、红菜等，一般生长于中潮带和高潮带下部的岩石上。海萝藻体紫红色，黄褐色至褐色，软革质，干后韧，高 4 厘米～10 厘米，最高可达 15 厘米。南海的春季开始采收，是清热、消食、祛风除湿的良药。

##

南海是一片充满生机的海洋。温暖的海水不仅是植物的家园，同时也是动物的乐园。

■ 阳江：海陵岛闸坡渔港

(1) 南海鱼类

南海地处热带海域，所以其鱼类也主要以热带鱼类为主。据统计，南海的鱼类有1500余种，其中经济鱼类有800余种（西沙群岛有40余种，南沙群岛有80余种）。从大的种类上来看，南海的鱼类分为大洋性鱼类和珊瑚礁鱼类。鱼种主要有黄鳍金枪、青干金枪、白卜鲹、扁鲅鲤、康氏马绞、灰旗鱼、金带梅绸、黄梅明、条纹胡椒明、红鳍笛鳃、四带笛鳄、红牙鹦嘴、灰鹦嘴、条纹鹦嘴、花点石斑、蜂巢石斑、斑点九棘、尾纹九棘、鳃棘鱿、侧牙妒、点鳍燕鳃、短鳍拟飞鱼、海鳞、黑斑条尾虹、莹斑渡子鱼以及海马等。经济价值较高的主要有马鲅鱼、石斑鱼、红鱼、鲣鱼、带鱼、宝刀鱼、海鳗、沙丁鱼、大黄鱼、燕鳐鱼、乌鲳鱼、银鲳鱼、金枪鱼、鲨鱼等。远海捕捞的主要品种有马鲅鱼、石斑鱼、金枪鱼、乌鲳鱼和银鲳鱼等。

据调查，分布于西、南、中沙群岛海域的热带海洋观赏鱼类有300多种，其中有雀鲷科42种，隆头鱼科54种，鲀形鱼科31种，蝴蝶鱼科30种，刺尾鱼科19种，刺盖鱼科10种，鰕虎鱼科14种，鲀科13种，石鲈科9种，天竺鲷科6种等。业经国家鱼类学及分类专家鉴定的西沙海域珊瑚热带海洋观赏鱼类114种，其中有迄今中国海域首次记录的鱼类3种，南海诸岛海域新记录的鱼类6种，西沙群岛海域新记录的鱼类5种，共14种，其中包括斑点天竺鲷、仲氏鹦嘴鱼、柠檬鲨、黑边单鳍鲨、格纹珊瑚鱼、鲍氏鹦嘴鱼、米斑箱鲀、库拉索豆娘鱼、澎湖裸胸鳝、镰鳍裸胸鱼参、黄带副啡鲤、鳃斑盔鱼、爪哇蓝子鱼等。

(2) 南海虾类

虾类是南海动物资源的主要种类之一。南海虾类资源有200余种，有经济价值的有20余种。主要种类有墨吉对虾、日本对虾、近缘新对虾、大额仿对虾、鹰爪虾等，年产量数万吨。

此外，海参类也是南海经济价值很高的动物资源。海参肉质软嫩，营养丰富，是典型的高蛋白、低脂肪食物，同人参、燕窝、鱼翅齐名，被誉为世界八大珍品之一。海参是海洋软体动物，生活在从海边至距海边8000米的海域内。它全身长满肉刺，以海底藻类和浮游生物为食。我国南海有可供食用的海参20余种，主要有二斑参、黑尼参、梅花参、黑乳参、蛇目参（虎鱼）、白底靴参（赤瓜参）、石参（黄瓜参）、乌参（红参）、黑狗参（黑参）、黑星赤参、糙参（白参）、绿刺参（方刺参）、花刺参（白刺参）、红鞋参（棘幅肛参）、斑锚参、高氏真锚参等。其中二斑参、黑尼参和梅花参最为珍贵。西沙群岛是我国享有盛名的海参产区。梅花参因个体较大而被称为"参中之王"。大者体长一米有余，重二三十斤，是营养丰富的滋补性上品。

（3）南海贝类

贝类，属软体动物门中的瓣鳃纲。体外披有一到两块贝壳，故名。现存种类1.1万种左右，其中80%生活于海洋中。贝类的身体柔软，左右对称，不分节，由头、足、内脏囊、外套膜和贝壳五部分组成：头部生有口、眼和触角等感觉器官；足部在身体

■ 南海贝类　李国强/摄

165

的腹面，由强健的肌肉组成，是爬行、挖掘泥沙或游泳的器官；内脏囊位于身体背部，包括心脏、肾脏、胃、肠、消化腺和生殖腺等内脏器官；外套膜包被于身体的外面，系由内外两层表皮和其间的结缔组织、少许肌肉组成，外套膜的表皮细胞分泌贝壳，外套膜和贝壳都是贝类的保护器官。贝类一般都可食用，贝类的肉质肥嫩，鲜美可口，营养丰富而成为人们的珍馐。

适宜的水温和食物使南海成为了贝类的乐园。南海的贝类主要栖息于岛屿的四周，南海的贝类有250余种。根据其不同的用途，基本上可以分为四个大类：一是食用贝类，主要包括近江牡蛎、泥蜡、文蛤、翡翠贻贝、褐牡蛎、华贵栉孔扇贝、红肉蓝蛤、杂色鲍、褐云玛瑙螺等，食用贝产量较大的有大马蹄螺、篱凤螺、历来碑等；二是药用贝类，主要包括鲍鱼类、宝贝类、角螺、泥螺、珍珠贝类、缴蛙类等；三是珍珠贝类，主要包括合浦珠母贝、大珠母贝、企鹅珍珠贝、三角帆蚌、褐纹冠蚌等；四是观赏贝类，主要包括螺类、法螺、鹦鹉螺、夜光蝾螺、唐冠螺等。上述贝类中最具特色的南海贝类是宝贝、砗磲、珠母贝、鲍鱼和海螺。"海贝之最"要数砗磲，也作"车磲"，大者可长达1米，重量可达数百千克，而且车磲也是寿命最长的贝类，其寿命长达80年~100年。

(4) 南海鸟类

南海诸岛上常年林木茂盛，花草遍地，而且岛屿周围的海面上有丰富的海洋食料，所以大批的鸟类在这里繁衍生息。据统计分布在各个岛屿上的鸟类共计有60多种。比较常见的有白鲣鸟、军舰鸟、海鸥、蓝翡翠鸟、锈眼鸟等。白鲣鸟，体形似鸭，成鸟重二三斤，全身洁白，当地人称为"鸟白"；两翼较长，颇善飞行，在海上觅食早出晚归，飞行很有规律，渔民们根据其飞行方向可确定航行路线。

海水资源是指可供人类利用的海水及其中所含的元素和化合物。广袤的海洋本身就是一个巨大的资源宝库。全球海水总体积约 137 亿立方千米，目前已知其中含有八十多种元素，可供提取利用的有五十余种。从现有的海洋科技来看，从海水中提取盐和海洋淡化是人类利用海水资源的主要途径。

（1）海水摄盐

海水中有多种多样的矿物质和化合物，现在人们可以从海水中提取的物质主要有食盐和溴、钾盐、镁、铀、重水、卤水等其他化合物的原料。其中，食盐 3.77×10^6 亿吨，镁 1800 亿吨、钾 550 亿吨、溴 95 亿吨、碘 820 亿吨、铀 45 亿吨、金 1500 万吨。海水中提取淡水、食盐、金属镁及其化合物、溴等已形成工业规模，重水、芒硝、石膏和钾盐的生产也有一定的规模，将来还有可能提取铀、碘和金等化学资源。南海的盐度平均在 30‰ 以上，最大盐度为 35‰。随着我国海洋科技的不断提高，南海海盐的开发和利用将上一个新的台阶。

（2）海水淡化

海水淡化指利用海水脱盐技术生产淡水。主要技术方法有海水冻结法、电渗析法、蒸馏法、反渗透法等。世界上第一个海水淡化工厂 1954 年建于美国得克萨斯州的弗里波特。现在世界上最大的海水淡化工厂在美国佛罗里达州的基韦斯特，海水经过淡化后成为城市供水。1981 年，我国建成了西沙永兴岛海水淡化站，这也是世界最大的电渗析海水淡化站。

GUANGDONG NAN'AO ▶

Introduction

天然·南澳

■ ①黄花山瀑布

②-③怪石嶙峋

④泳者天池——青澳湾

汕头市海洋局提供

一弯新月一弯滩，
水漫白沙依翠岚。
喜得畅游心似海，
云霞掩映不思还。

——黄赞发

特征：南澳县由23个大小岛屿组成，陆域总面积111.53平方千米，海域面积4600平方千米。
主岛南澳岛面积109.04平方千米，呈葫芦状，东西两部为山丘，中部为冲积平原，总体属低
蚀丘陵剥蚀地貌。北回归线从主岛中部穿过，属南亚热带海洋性气候，冬暖夏凉，四季温和，
充足，终年无霜冻。年平均气温21.5℃，年均日照2268.9小时。年平均雨量1355.9毫米，年
日12.1天。

Longitude : 116° 53′ —— 117° 19′

Latitude : 23° 11′ —— 23° 32′

碧海·明珠 | 大南澳

南海的空间资源

南海地处要冲，是世界上最重要也是最繁忙的国际商业航道之一。南海是太平洋与印度洋之间的通道，自古以来就是亚洲东部、中南半岛、南洋群岛、印度次大陆、阿拉伯半岛、东非以及欧洲等沿岸国家海上交往所必经之路和交通纽带，素有"世界第三黄金水道"之誉。

现在南海的交通和战略地位日趋重要，它不仅是亚洲和欧洲联系的要道，而且也是连接美洲和大洋洲的纽带。从北美到香港，从越南到菲律宾，从广州到新加坡、马来西亚、印度尼西亚甚至澳大利亚，南海均是必经的海上航道。马六甲海峡、巽他海峡、龙目海峡是联系印度洋、波斯湾、红海直到地中海的主要通道，而东部的巴士海峡、巴林塘海峡、民都洛海峡、巴拉巴克海峡则是进入太平洋、亚洲和大洋洲的咽喉。由于海运便捷、运费低廉，随着全球经济一体化趋势的不断加快，南海在东半球的战略优势地位更加突出。

南海的旅游资源

浩瀚无垠的南海和星罗棋布的岛屿沙礁，为人们提供了无与伦比的旅游资源。海水、海洋生物、海底、海岸和岛礁使南海更加神奇和具有诱惑力。

地处热带季风气候区的南海有着特殊的旅游景观。万顷碧波、岛洲片片与点点渔帆构成了一幅秀美的热带海洋图景。游人至此无不感到视野开阔，心旷神怡。

南海水色蔚蓝，水中泥沙很少，透明度超过二十余米，水下景物一览无遗，所以当你在海上航行的时候，旖旎的海底风光使你绝无单调乏味之感。

由于南海太阳辐射量大，陆地及海洋表层温度高，基本上没有出现低温雾气现象，海面大气透明度好，能见度高。由于海水清澈，并含有碘、氧、臭氧等许多对人体有益的物质，因此近岸海区是进行游泳、沐浴等健身运动的最佳场所。得天独厚的光、热、水资源，使这里不仅成为海洋物种栖息的乐园，也成了人们旅游、度假、避暑、疗养的理想之所。

■ 三沙：永兴岛 "中国南海诸岛工程纪念碑" 李国强/摄

当你在南海诸岛中最大的岛屿——永兴岛观光时，你会发现在永兴岛码头附近耸立着一座雄伟高大的纪念碑，这就是 "中国南海诸岛工程纪念碑"。纪念碑建于 1991 年 5 月，用花岗岩和大理石制作而成。碑高 8 米，宽 4 米，正面刻写着铭文，背面镌刻着南海诸岛地图。碑文记述了我国拥有南海诸岛主权的历史、我国海军部队在永暑礁建立南沙海洋观测站以及 1990 年 8 月、1991

■ 南海风光　李国强/摄

年5月在南沙群岛华阳等礁盘和西沙群岛建成多项大型工程的情况。南海诸岛的保卫、开发和建设与广大官兵和建设者的辛勤劳动密不可分。正如碑文的最后一段话所说:"南海诸岛工程建设期间,军民携手,官兵同心,为捍卫国家主权,造福子孙后代,促进人类和平与发展,搏风高浪大,抗日晒水蚀,挥汗洒血,披肝沥胆,于此海天之间弹丸之地,弘扬民族精神,创建不朽功勋。今于永兴岛立碑铭志,以昭千秋。"自然景观与人文景观浑然一体,它们都是南海旅游资源的有机组成部分。

南海海区位于北回归线以南,属赤道带,因此其气候是典型的热带海洋性季风气候。

南海海域处于北回归线与赤道之间。正午时分,太阳会垂直射到海面,一年之中南海诸岛和南海海域均受到两次太阳直射。由于接近赤道,接受太阳辐射的热量也就较多,形成了终年高温的特点。年平均气温在25℃~28℃,居全国之首。最冷的月份在1月份,平均温度也在20℃以上。

南海年温差较小,仅为2.6℃。冬季,来自蒙古高原的冷空气进入南海时,它已成强弩之末,对南海诸岛的气候的影响微弱,虽是冬季却仍然有初夏之感。南北年平均气温有所不同,北部23℃~25℃,中部26℃~27℃,南部27℃~28℃;气温由北向南递增。东沙岛的年温差为8.2℃,永兴岛为6.0℃,太平岛只有2.2℃。

南海最热的月份在每年的5月和6月。因为这两个月份恰是

■ 三沙：南海海区属于热带海洋性季风气候　国家海洋局提供

南海诸岛正在阳光垂直照射而降水最多的季节又尚未到来之时，所以形成了一年当中气温最高的时节。最热月份东沙岛的平均气温为 28.6℃、永兴岛为 28.9℃，南部的太平岛为 29℃。其中永兴岛的绝对最高气温为 34.9℃，而太平岛的绝对最高气温达 35℃。因此，南海的夏季很长，一般为九个月，春、秋、冬三季为三个月。

##

　　南海地处热带季风区，频繁的台风雨和季风雨使这里成为了我国降水最为丰沛的地区之一。南海的水汽来自南海和西太平洋，大量水汽受各种各样条件的作用形成丰沛的降水。南海诸岛的年平均降雨量在 1400 毫米以上，其雨量在空间上由北而南递增，东沙岛的年平均雨量为 1459 毫米，永兴岛为 1545 毫米，太平岛为 1842 毫米。虽然南海诸岛降水丰沛，但是其雨量的季节分配不均匀，全年的降水主要集中在夏季。南海雨量出现季节性分配差异

的原因在于季风和台风。北部的东沙岛每年的 5 月~10 月为多雨期，雨量达 1254 毫米，约占全年雨量的 87%，各月平均雨量在 140 毫米以上，而每年的 1 月至次年 4 月，每月的平均雨量均在 45 毫米以下，为少雨期；中部的永兴岛每年的 6 月~11 月为多雨期，雨量达 1235 毫米，占本区全年雨量的 80%，各月平均雨量在 140 毫米以上，每年 1 月到次年 5 月为少雨期，期间各月的平均雨量一般在 70 毫米以下；南部的太平岛每年 6 月~12 月为多雨期，雨量可达 1454 毫米，占全年雨量的 70% 以上，每年 1 月~5 月为少雨期，月平均雨量一般都在 89 毫米以下。

季风明显

南海属热带海洋性季风气候，所以气候受季风的影响非常明显。每年 10 月以后，从西伯利亚和蒙古高原吹来的冬季气流不断光顾我国南方海洋，所以从 11 月到次年 3 月盛行的是东北季风；其他时间南海转而受热带与赤道海洋气团的影响，5 月至 9 月开始盛行西南季风；4 月和 10 月则是季风的转换时期。在强劲季风的吹拂下，南海的海流也呈现出明显的季风特点，夏天流向东北，冬天流向西南。

台风频繁

按世界气象组织的定义，热带气旋中心持续风速达到 12 级称为台风。西北太平洋地区是世界上台风活动最频繁的地区之一，每年登陆我国的就有六七个之多。台风经过时，常伴随着大风、暴雨、特大暴雨、大海潮或大海啸等气象灾害。

台风的形成有特定的气候条件，一般情况下，在海洋表面温度超过 26℃ 以上的热带或副热带海洋上，由于近洋面气温高，大量空气膨胀上升，使近洋面气压降低，外围空气源源不断地补充、流入、上升，受地转偏向力的影响，流入的空气旋转起来，而上升空气膨胀变冷，其中的水汽冷却凝结形成水滴时，要放出热量，又促使低层空气不断上升。这样近洋面气压下降得更低，空气旋转得更加猛烈，最终便形成了台风。

■ 台风"苏拉"逼近掀巨浪

　　南海主要在夏秋两季受到台风的影响。其中70%的台风来自菲律宾以东的西太平洋洋面和加罗林群岛附近洋面，这些台风被称为"客台风"，运行速度为每小时10千米～20千米，南海每年均受到"客台风"的影响。另外三成台风源自南海的西沙群岛和中沙群岛附近海面。发生在南海诸岛及其附近海域的台风，也称"南海台风"，南海台风范围较小，一般直径只有200千米，最大风力多在8级～11级之间，同时运行方向多变，登陆地点难以预测。根据南海台风的特点，气象学上将之称为"非常态台风"。

南海台风的季节变化非常明显，一般每年的7月~10月为台风多发季节，一年内80%的台风均发生在这段时间内，发生地区多在北纬15°以北的海面，其中9月是台风最集中的季节。每年12月至次年4月基本没有台风发生。

台风对南海的影响非常巨大。风力狂虐的台风，常常带来暴雨，掀起巨浪，因此对海上航运、海上生产会造成一定的影响。但是，台风也给南海诸岛以及我国东南大部分地区带来了丰沛的降水，对解除干旱或缓解旱象有很大作用。

在广阔的南海上，大小各异的岛屿、沙洲、暗礁、暗滩和暗沙星罗棋布。这些岛、礁、沙、滩、洲共有280余个，它们是南海诸岛不可或缺的组成部分。

■三亚:蜈支洲岛全景图　国家海洋局提供

东沙群岛是我国南海诸岛中最北的一个群岛，也是最小的一个群岛。分布于北纬20°33′~21°10′，东经115°54′~116°57′之间的海域中，位居中国广东、海南岛、台湾岛及菲律宾吕宋岛的中间位置。主要由东沙岛、东沙礁（环礁）、南卫滩（暗礁）和北卫滩（暗礁）组成，附近海区有暗沙和暗礁。东沙岛北距汕头市约260千米，东北距珠江口约315千米。

东沙环礁是一个圆形环礁，直径在20.4千米~24.1千米之间。东北顶端在北纬20°47′，东经116°53′，南端在北纬20°36.5′，东经116°52′，西南为东经116°41′。环礁是海洋中呈环状分布的珊瑚礁，中间有封闭或半封闭的潟湖或礁湖。

东沙环礁是典型的环礁，整个珊瑚礁体呈环形地貌，中间有一较浅的泊湖，浅湖水深在7.3米~18米之间。但是，环礁并非一个完整封闭的圆形礁盘，而是有若干个"通道"与外海相通，在礁盘上也有小沙洲和沙岛形成。环礁的东侧礁体呈圆弧形，礁宽1.9千米~3.7千米，长64.8千米，礁体已延伸到海面附近，东北部礁盘出露海面。环礁之西有南北水道夹一岛礁，礁体外缘没有缓坡过度，而是陡入海底，内侧则比较平缓；南水道宽而深，水道中深水线可达5.5米，水道通畅，适宜航行；北水道较窄而浅，宽约3.7千米~4.8千米，深3米~3.6米，水道中有珊瑚礁头生长，有些已距海面0.6米，不利通航。

在东沙群岛中，东沙岛是其主岛，也是南海诸岛中较大的岛屿之一，因位居珠江口"南澳"之外，所以在中国"古航海图"中被称为"南澳气"，又名大东沙。该岛居于东沙环礁的西侧礁盘上，礁盘呈新月形，潮汕渔民又称其为"月牙岛"。其东北距离

台湾高雄市约 444.5 千米，西北距香港特别行政区约 314.8 千米，北距广东省汕头市 259.3 千米、西南距海南省榆林港 666.7 千米，东南距菲律宾首都马尼拉约 777.8 千米，南距南沙太平岛 1185.28 千米。

东沙岛为自西北向东南的碟形沙岛，由珊瑚及贝壳碎屑经风化形成的白沙所堆积覆盖而成，因此并无土壤。整个岛屿位于北纬 20° 42′，东经 116° 43′，东西长约 2.8 千米，南北宽约 0.7 千米，面积 1.08 平方千米，仅次于西沙永兴岛是南海中第二大岛。该岛海拔 6 米，东北面稍高，达 12 米，西南面次高，约 8 米。整个岛屿呈四周高中间低形态，中部低地积水呈湖，约占全岛三分之一面积，湖深 1 米～1.5 米，湖底为淤泥及有机碎屑所覆盖，湖口向西有通往外海的通道。

东沙岛地处南海北部，但属热带北部，所以具有热带季风气候的特征，湿热多风。年平均气温 25.3℃，最冷月是 1 月，最冷月平均气温 20.6℃，极低温约 10℃；最高温为 7 月，平均气温为 28.8℃，极高温为 36℃。年降雨量 1460 毫米，每年的 5 月～10 月为雨季。岛上有淡水层保存，其地下水主要来自雨季储积在沙层中的淡水，但由于海水的渗入，沙层中淡水多被咸化，已不能饮用。岛上植被单纯，约有 110 种植物，全岛的植被大约可分为草本植物带及海岸灌丛带两大部分，多以野草和矮灌木为主，间有麻风桐、仙人掌、野菠萝，东南部有小片的椰子树。因为岛屿面积较小且每年的东北季风强劲，加之现在人类在岛上活动的不断增多，所以岛上动物资源较少，只有中间湖的周边有鸟类栖息，主要种类有虎纹伯劳、家燕、翠鸟、小白鹭、军舰鸟、青足鹬和鹬科其他鸟种。

东沙岛的海岸生物主要以珊瑚和贝类为主，珊瑚类中有海花石；螺类中有鸡心螺、宝贝和蝾螺属；蛤类中主要有江珧属、砗磲蛤；还有寄居蟹类；沿海鱼类主要有鲨、鲭、鲣等洄游性鱼类。名贵的特产有海龟、墨鱼和海参。

东沙岛上有清代渔民建造的渔村和庙宇，如天后宫等。我国沿海渔民常在岛屿附近捕鱼，因此岛屿有许多渔民居住的工寮、曝晒海产的木屋和储物的货仓建筑。20 世纪 20 年代，岛上开始建设了气象台、灯塔及台风观测站，以利海上航行。20 世纪 60 年代东沙岛扩建，岛内的浅湖被填平，岛屿面积扩大。岛屿北面的沙堤上修建了飞机场，机场跑道长 1500 米，宽 30 米。东沙岛目前由我国台湾省驻守。

南卫滩北卫滩是东沙群岛的重要组成部分，在东沙岛西北 83.3 千米处。其成因是珠江口大陆架前缘的大陆坡上有两个水底上升的珊瑚暗滩，南面的为南卫滩，北面的为北卫滩。南卫滩面积较小，水深 58 米。北卫滩面积较大，水深 64 米，最浅处为 60 米，滩面有沙覆盖。两者均为沉水环礁，相距约 3.7 千米，中间有 334 米深的海谷。北卫滩 200 米等深线呈椭圆形，长 21 千米，中央深达 185 米。南卫滩 200 米等深线亦呈椭圆形，长约 10 千米。

从地理位置上看，东沙群岛地处太平洋和印度洋的连接点上，是亚、非、大洋洲三大洲国际航线的要冲，具有重大的战略和航运意义。

中沙群岛

古称"红毛浅""石星石塘"等，位于南海中部海域，西沙群岛东面偏南，距永兴岛 200 千米，是南海诸岛中位置居中的群岛。该群岛北起神狐暗沙，南止伏波暗沙，东至黄岩岛，地理位置在北纬 13° 57′ ~ 19° 33′，东经 113° 02′ ~ 118° 45′ 之间，南北

跨纬度5°36′，东西跨经度5°43′，海域面积60多万平方千米，岛礁散布范围之广仅次于南沙群岛。黄岩岛和中沙大环礁上26座已经命名的暗沙，以及一统暗沙、宪法暗沙、神狐暗沙、中南暗沙等4座分散的暗沙中，除黄岩岛之外，几乎全部隐没在水中，因此中沙群岛是我国南海诸岛中岛洲露出水面最少的群岛。

中沙群岛的海水呈现为深蓝，波浪汹涌而四无定向。中沙大环礁是各种珊瑚丛生的场所，鹿角珊瑚、玫瑰珊瑚、石芝、海葵、海胆和海星等争奇斗艳，组成了中沙群岛繁盛的珊瑚礁生物群落。有些暗沙本身就是由巨大的珊瑚礁构成的，而珊瑚礁则主要是由大块的滨珊瑚、脑珊瑚等造礁种属构成。生物繁多的礁区，吸引了大量的鱼类，使得中沙群岛及其附近海域成为良好的渔场。中沙大环礁有20座暗礁、暗沙和暗滩在礁缘分布，唯一一座岛屿，就是黄岩岛，又称为民主礁。

黄岩岛形成于南海中央深海盆区东部的黄岩环礁上，黄岩环礁呈等腰三角形，其东西、南北最长的部分均为15千米，周长大约55千米，面积约为150平方千米，是南海诸岛中最大的一座环礁。环礁的中部是水深为10至20米的潟湖，四周是水深为0.5米～3.5米的礁坪，礁坪的东南有一个缺口，成为沟通潟湖与外海的天然通道。

在黄岩环礁广阔的礁盘上，有丰富的生物资源，据我国有关科学考察资料表明，这里共有海洋生物资源62种，分为5个门，其中腔肠动物门软珊瑚类2种，环节动物门多毛类3种，软体动物39种，甲壳类动物5种，棘皮动物13种。

黄岩岛由南岩和北岩组成，其中南岩位于黄岩环礁东南部礁坪上，高出海面大约1.8米、高出礁坪面约3米，是一块直径为3米～4米的珊瑚礁石块；北岩位于黄岩环礁北部礁坪上，也是一块突出海面的礁石，高出海面 1.5 米。南、北二岩相距约 18.5 千米。

早在 2000 多年前，我国人民就发现了包括黄岩岛在内的南海诸岛及其海域。从宋代开始至明清时期，我国人民把南海诸岛命名为"石塘""长沙"，其中包括黄岩岛在内的中沙群岛即在石塘或长沙范围之内。最晚到元朝，中国政府即已对黄岩岛行使了主权和管辖权。至元十三年（1276）元朝设立太史院，为了统一疆域内全国的历法，元世祖敕令时任都水监、天文学家郭守敬主持开展实地测量，此即"四海测验"。至元十六年（1279），该项实测完成，被选定的 27 个纬度测量点之一即为黄岩岛。

二战前后，中国多次重申对黄岩岛拥有主权。1935 年，国民政府水陆地图审查委员会审定并公布了《中国南海各岛屿华英名对照一览表》，其中对黄岩岛的命名借用了外来地名即"斯卡巴洛礁"。1947 年，国民政府内政部方域司公布的《南海诸岛新旧名称对照表》将今黄岩岛定名为民主礁。1948 年国民政府内政部方域司印制并公布的《南海诸岛位置图》于中沙群岛清晰地标绘了黄岩岛。1983 年，中国地名委员会受权公布的"我国南海诸岛部分地名"将"黄岩岛"作为标准名称，同时以"民主礁"为副名。

黄岩岛海域作为中国渔民的传统捕鱼作业区，自古以来，就是中国广东、广西、海南等地沿海渔民进行渔业生产活动的海域。从 1949 年以来，中国国家地震局、海洋局、国家统计局等相关政府部门多次组织了对黄岩岛及其附近海域的科学考察。

中国大量的文献史料和历代地图均记载了黄岩岛，中国历代政府也对黄岩岛行使了主权管辖，这足以证明黄岩岛自古以来就是中国的固有领土。长期以来，对于中国拥有黄岩岛主权的立场，

菲律宾从未提出过异议。相反，大量事实证明，在历史上黄岩岛从来就不是菲律宾的领土。1898年美国和西班牙签订的《巴黎条约》、1900年美国和西班牙签订的《华盛顿条约》、1930年英国和美国签订的《英美条约》均确认菲律宾领土范围的西部海域界线在东经118°，而黄岩岛位于东经117°51′不在此界线之内。在相当长时期内，菲律宾的若干法律文件、官方文件和国家地图，从未涉及黄岩岛。直到近年来菲律宾出版的地图也仍然将黄岩岛标绘在菲领土范围之外。

事实证明，黄岩岛与菲律宾从未发生过任何历史联系，在20世纪90年代后期之前，菲律宾从未对黄岩岛提出过主权要求，更没有行使任何有效管辖的行为。黄岩岛是属于中国的固有领土，这一说法是确凿无疑的。

西沙群岛

西沙群岛是我国南海四大群岛之一，由永乐群岛和宣德群岛组成，共有22个岛屿，7个沙洲，及10多个暗礁暗滩。西沙自古以来就是中国的固有领土。自唐代起，中国政府便开始正式管理海南岛以南海域。古代这里被称为"千里长沙"，是南海航线的必经之路。

西沙群岛现由海南省三沙市管辖。西沙群岛已经建有五个村委会：永兴村委会，辖永兴岛的渔民38户近200人；七连屿村委会，辖赵述岛、北岛、南岛、中岛、西沙州、南沙州、东沙州、新东沙州，现有渔民67户，200多人；晋卿村委会，辖晋卿岛、广金岛，现有渔民30多户，100多人；羚羊村委会，辖羚羊礁、甘泉岛，现有渔民30余户，近100人；鸭公村委会，辖鸭公岛、全富岛、银屿、咸石屿，现有渔民50来户，上百人。

■ 三沙：广金岛全景　国家海洋局提供

　　西沙群岛在南海的西北部，海南岛东南面 310 千米处，群岛主体部分位于北纬 15° 40′～17° 10′，东经 110°～113°，以永兴岛为中心，距海南省的榆林港和清澜港均为 330 千米。

　　西沙群岛形成于南海北部大陆坡的西沙台阶上，是一个水深 1500 米～2000 米的高出南海中央深海平原的海底高原。西沙群岛有八座环礁，一座台礁，一座暗礁海滩，干出礁礁体面积共有 1836.4 平方千米，其中礁坪面积 221.6 平方千米，礁湖面积 1614.8 平方千米。环礁和台礁上发育的灰沙岛共有 28 座，此外东岛环礁还有火山角砾岩岛屿——高尖石。

　　西沙群岛地处热带地区，属热带季风气候，虽然炎热湿润，但并无酷暑。西沙群岛是我国著名渔场之一。这里海面开阔，海产丰富，珍贵品种较多，每年都会吸引大批渔民来岛捕捞作业。

■ 三沙：晋卿岛岸线植被　国家海洋局提供

　　西沙群岛是南海诸岛中拥有岛屿最多且岛屿面积最大的岛群，陆地总面积约 8 平方千米。以东经 112° 为界，西沙群岛分为东、西两群，西群为永乐群岛，东群为宣德群岛。西群的永乐群岛包括北礁、永乐环礁、玉琢礁、华光礁、盘石屿等 5 座环礁和中建岛台礁，其中永乐环礁上有金银岛、筐仔沙洲、甘泉岛、珊瑚岛、全富岛、鸭公岛、银屿、银屿仔、咸舍屿、石屿、晋卿岛、琛航岛和广金岛 13 个面积较小的岛屿，此外盘石屿环礁和中建岛台礁的礁坪上各有一座小岛。东面的宣德群岛包括宣德环礁、东岛环礁、浪花礁等三座环礁和一座暗礁（篸煮滩），其中宣德环礁有西沙洲、赵述岛、北岛、中岛、南岛、北沙洲、中沙洲、南沙洲、东新沙洲、西新沙洲、永兴岛和石岛 12 个小岛，东岛环礁有东岛和高尖石两个小岛。

永兴岛又名"林岛",因岛上林木深密得名。1946年中国政府派遣永兴号军舰接收西沙群岛,因以舰名命岛名以表示纪念。永兴岛是一座由白色珊瑚贝壳沙堆积而成的珊瑚岛,也是南海诸岛中最大的岛屿,面积2.13平方千米。现在永兴岛是西沙、南沙、中沙三个群岛的军事、政治、文化中心,也是海南省三沙市人民政府驻地。岛上不仅有政府大楼、银行、邮政、医院、商店、招待所、图书馆、机场、码头港口、气象站、驻军等,还有海水淡化工程,它结束了岛上靠大陆来船供给淡水的历史。岛上的主要景点有西沙海洋博物馆、西沙将军林、收复西沙纪念碑等。

■三沙:永兴岛夕阳　国家海洋局提供

■ 三沙：永兴岛"海军收复西沙纪念碑" 李国强/摄

永兴岛位于北纬 16°50′，东经 112°20′。东西长约 1950 米，南北宽约 1350 米。岛屿地势平坦，高出海面约 5 米，最高处为 8.5 米。岛中部为干涸的潟湖。沙滩周围又有宽 100 米、高 6 米~8 米的沙堤环绕。这里终年皆夏，年均温 26.4℃，最冷月均温 22.8℃，极端最低温 15.3℃。年降水量 1509.8 毫米。岛西南部有一长约 870 米，宽约 100 米的沙堤。由于地处热带，气温高，湿度大，因此岛上热带植物茂盛，林木遍布，野生植物有 148 种，占西沙野生植物总数的 89%，主要类型有麻疯桐、椰子树、羊角树、马王腾、马凤桐、美人蕉、野枇杷、野棉花等。野生动物主要是鲣鸟、军舰鸟、燕鸥等海鸟类。海洋生物类以石斑鱼、贝类、珊瑚为多。

　　随着行政建制的不断完善，现在岛上海洋渔业生产、建筑业、工业、交通运输业、邮政电讯业、商业零售业、物资供销业、金融保险业、居民生活服务业等产业都得到迅速发展。岛上建有现代化的机场和一条长度为 2500 米的跑道，机场和跑道使用了大量硬性工程塑胶，以备大型军用运输机、预警机、重型战斗机使用，可起降波音 737 机；新建码头可停靠 5000 吨位的船只。此外，电厂、港口码头、机场、医院、海水净化、冷冻库、商业服务大楼、办公大楼、居民住宅等配套工程的建设，已经使永兴岛成为一座美丽的海上新城。

■ 三沙：永兴岛信号塔　国家海洋局提供

■ 三沙:永兴岛全景 国家海洋局提供

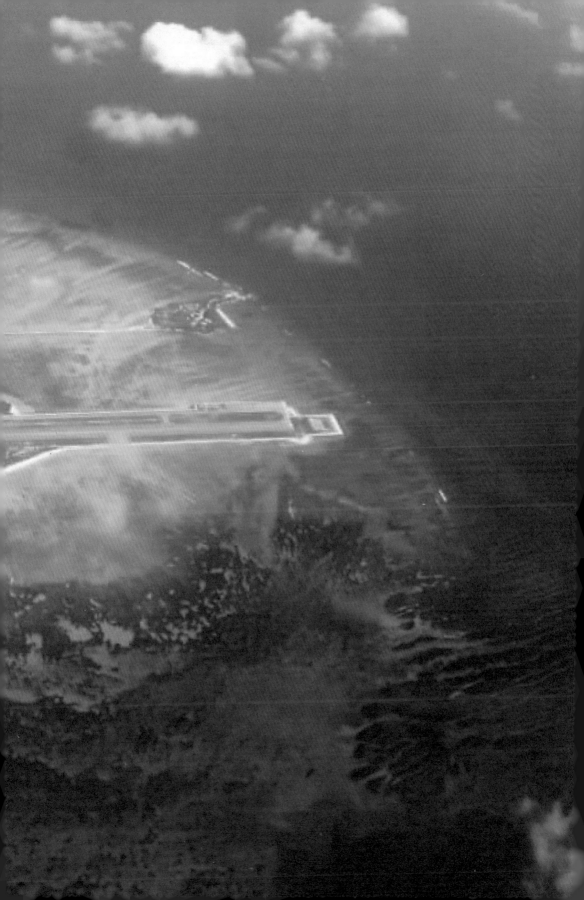

  永兴岛有海水、沙滩、海岸，海岛周围沙滩洁白，岸宽沙细；海岛空气清爽，其自然景观具有很高的旅游价值。

  更值得一提的是，永兴岛上的人文景观也别具特色。

  创建于 20 世纪 80 年代的西沙海洋博物馆是我国最有特色的博物馆之一。它不仅是我国最南端的海上海洋博物馆，而且也是我国唯一一个由军人们将爬到海滩的海龟和采集到的贝类制成标本的海洋博物馆。

  西沙海洋博物馆始创于 1989 年。驻岛官兵们怀着对大海的热爱将收集到的海洋生物标本陈列起来，建成一个琳琅满目，令人感到趣味无穷的海洋博物馆。这里不仅有各种各样的海龟、贝类、

■ 三沙：永兴岛西沙海洋博物馆　李国强/摄

身上布满了孔雀斑点的"孔雀颈鳍鱼"、底部如马蹄形如金字塔的"马蹄螺"，而且还有形态各异的珊瑚花、石花以及花开如梅的海参——"梅花参"。1990年元月，来此视察的中央军委原副主席刘华清上将亲笔为该馆题写了馆名：西沙海洋博物馆。

2000年10月，我国驻西沙部队又对海洋博物馆进行了扩建，2001年元旦，海洋博物馆新馆正式开馆。扩建后的博物馆展厅面积约800平方米，分为图文厅、海石花厅、海龟龙虾厅、海鱼标本厅等8个厅，共收藏各类海洋标本、图片资料约400种、3000件。现在的西沙海洋博物馆已经成为西沙重要的人文景观之一。

赵述岛是西沙群岛中两大群岛之一的宣德群岛的一个岛屿，位于永兴岛的北面，北纬16° 59′，东经112° 16′。海南渔民习惯称之为"船暗岛"。1947年为纪念明代赵述奉命出使三佛齐，该岛被命名为赵述岛，隶属于海南省三沙市。赵述岛位于南海西北部，形状近圆形，四周白沙滩环绕，东、北、南三面发育有海滩岩。岛上遍布草海桐等植物，岛长600米，宽300米，呈东北—西南方向延长，面积约为0.19平方千米，为七连岛中第三大岛，高出水面3米~4米。岛四周有沙堤，上被一层鸟粪覆盖，由于沙层薄又有鸟类污染，因此地下水不能饮用。岛西部建有20多米高的灯塔。

赵述岛上常住人口主要是渔民。2009年11月8日，赵述岛村召开了选民大会，选举出西南中沙群岛办事处赵述岛村委会第一届领导班子，我国最南端的基层组织——西沙群岛赵述岛村委会，宣告成立。

■ 三沙：赵述岛　李国强/摄

■ 三沙：赵述岛远景　国家海洋局提供

　　北岛位于北纬 16°58′，东经 112°19′，在永兴岛之北，西北距赵述岛约 3.7 千米。岛形狭长，呈西北—东南走向，长 1500 多米，宽约 290 米，面积约 0.4 平方千米。岛高出水面 3 米～4 米，四周有沙堤包绕，中部为干涸的"潟湖"，面积占全岛面积的一半。这里是我国渔民的生产基地之一，建有临时房屋、仓库，并有石砌小庙一座。岛上灌木丛生，亦有鸟粪层，故淡水不可饮用。岛屿周围海

水中含氧量较多，珊瑚礁生长较好。岛屿西北部较高，海拔三到四米；东南部地势低，常为海潮所淹没。北岛为沙堤环绕，堤宽80米上下，主要由珊瑚贝壳沙屑组成。沙堤之外为礁坪，之内有潟湖干涸所成的洼地，洼地内生有以草海桐为主的灌木丛，大量海鸟群常栖息于此。岛西北、西南和南岸均有宽度不等的缺口，是海龟进入本岛的通道，被称为"龟门"，北岛是南海海龟的主产地之一。

■ 三沙：北岛全景

东岛是一个珊瑚岛，位于西沙群岛的东侧，故名。东岛距永兴岛东南约60千米，长约2400米、宽约1000米，面积大约为1.5平方千米。平均高出海面四到五米。岛的四周有沙堤包绕，地势较高，中间较低，积水成塘。岛上植被繁茂，有麻疯桐林和椰子林。

在南海诸岛中，东岛是鸟类最多的岛，主要有鲣鸟、燕鸥、金珩鸟等。东岛海鸟众多，因此也被人们称之为"鸟岛"。现在鸟类五十多种，总数约达五万只。其中白鲣鸟最多，估计超过三万只。1981年被划为白鲣鸟自然保护区。东岛的鸟粪非常有名，不少地方鸟粪层厚达数米。岛上建有停机坪、导航台、码头、楼房等。东岛属热带型海岛，岛上现有多种我国渔民在岛上放养的陆生动物，如黄牛、山羊、狗、鸡、鸭、猫等。

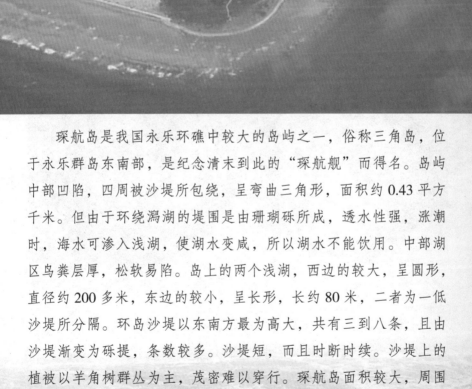

　　琛航岛是我国永乐环礁中较大的岛屿之一，俗称三角岛，位于永乐群岛东南部，是纪念清末到此的"琛航舰"而得名。岛屿中部凹陷，四周被沙堤所包绕，呈弯曲三角形，面积约0.43平方千米。但由于环绕潟湖的堤围是由珊瑚砾所成，透水性强，涨潮时，海水可渗入浅湖，使湖水变咸，所以湖水不能饮用。中部湖区鸟粪层厚，松软易陷。岛上的两个浅湖，西边的较大，呈圆形，直径约200多米，东边的较小，呈长形，长约80米，二者为一低沙堤所分隔。环岛沙堤以东南方最为高大，共有三到八条，且由沙堤渐变为砾堤，条数较多。沙堤短，而且时断时续。沙堤上的植被以羊角树群丛为主，茂密难以穿行。琛航岛面积较大，周围

海水较深利于航行，是宣德群岛的交通中心，1956年南越派军队占领。1974年1月我国自卫还击，收回该岛，现在岛上建有烈士纪念碑。

甘泉岛，渔民称"圆峙""圆岛"，位于中国南海西沙群岛永乐环礁上，在珊瑚岛西南约3.7千米处，位于北纬16°30′，东经111°35′。甘泉岛呈椭圆形，长约730米、宽约500米，面积约0.3平方千米，高出海面约8米，四周有沙堤，中间低平。岛上有两口井，水甘甜可饮，故得名"甘泉岛"。岛上有麻风桐、羊角树，东南侧有浅水码头，可供小船停泊。岛上还有目前中国最南端的省级文物保护遗址。1974年1月19日，我人民解放军广州军区遵照中国共产党中央军事委员会收复甘泉、珊瑚、金银三岛的命令，收复了被南越军队侵占达18年之久的三岛。

■ 南海文物　李国强/摄

七连屿原来是永兴岛北边的西沙洲（赵述岛是其一部分）、北岛、中岛、三峙仔、南岛、北沙洲（红草一）、中沙洲（红草二）、南沙洲（红草三）等一列小岛和沙洲的合称，不过这几年因为台

风的关系，在最南边新形成了两个沙洲——西新沙洲和东新沙洲，它们和上面几个岛洲合称七连屿。七连屿每个岛屿海拔均在 3 米～4 米，距永兴岛的最短航程只有 12 千米，渔船一个小时便可抵达。但是由于自然条件限制，七连屿至今尚无人居住。岛上植物多为低矮的草海桐等灌木丛。岛上沙层较厚，沙层内富含淡水，挖沙掘井便可得甘甜的淡水。

西沙洲位于北纬 16°59′，东经 112°13′，海南渔民称之为"船暗尾"，即赵述岛的尽头之意。西沙洲是一座正在扩大中的沙洲，呈椭圆形，其上白沙一片。由于草木少，白沙反光，故远处可见。在西南角处，还有一小沙洲，近圆形，直径约 100 米。西沙洲由于沙层较厚、有利于淡水保存，因此，掘此岛可得清泉。又因面向西北，故海岸水流甚急。西沙洲东西长约 800 米，南北宽 400 米，面积 0.24 平方千米，海拔高度约 2 米，是宣德群岛中的第三大岛。洁白的珊瑚沙遍布岛上，四周礁盘较为宽广，沙洲上厚厚的沙层内含有极其丰富的淡水，历来是渔民补给淡水的地方。附近海域水产资源甚丰，是海龟繁衍后代的基地之一，主要出产海龟、海参、砗磲、马蹄螺等海产品，这里也是海南渔民到西沙捕鱼的起始站。沙洲东部礁盘上有一水深 3 米～6 米的礁塘，遍布着各种鹿角珊瑚丛，颇具旅游观赏价值。

中建岛位于西沙群岛最西南，是一个在台礁上发育成的沙岛。中建岛，渔民称为螺岛，因为这岛以产马蹄螺出名。其位置在西沙群岛最南，又位于去南沙群岛的中途，所以又被称办"半路峙"。由于 1946 年中国派军舰"中建号"去接收本岛，故改名为中建岛。中建岛是在礁盘上发育的沙岛，四周有较高沙堤，中部洼地，不甚明显，且常积水，水深 0.5 米。全岛海拔不高，平均只有 2 米，略呈圆形，长 1200 米，宽 1000 米。沙岛在低潮时高

出海面 3 米，在高潮时高出海面 1 米；面积低潮时达 1.5 平方千米，高潮时只有 0.85 平方千米。受东北季风影响，沙堤以东北部为高。台风过境时，高潮可以淹没岛屿的大部分，故地形变化较大，显示出由沙洲向沙岛过渡的特征。由于本岛常受海淹，故岛上草木难以生长。高处有海鸟栖息，故有厚度不等的鸟粪层存在。中建岛位于西沙群岛的最西最南，地理位置得天独厚。全岛被珊瑚、贝壳和白沙覆盖，原无植被，20 世纪 70 年代人们开始在岛上种植椰子树、枇杷树等。

晋卿岛是西沙群岛东北面弧形礁盘上最南的一岛。我国渔民俗称"世江峙""四江岛""四江门"。1947 年公布名称为晋卿岛，以纪念明成祖年间协助郑和航海的三佛齐宣慰使施晋卿。该

■ 三沙：晋卿岛 李国强/摄

岛屿地理坐标为北纬 16° 27′51″，东经 11° 44′17″。环岛由海滩岩发育，沙堤高出海面 3 米～5 米。岛呈椭圆形，长 950 米，最阔处约 420 米，岛东北面有向东北伸出的沙洲。茂密的羊角树丛林从岛上沙堤一直蔓延到中部干潟湖低地，故步行困难。岛上土质亦为鸟粪土。本岛有渔民小庙两间，一庙上刻"有求必应"字样。1974 年，人们曾在岛东南角沙堤顶部深一米处白沙层中掘到宋钱一枚，上有"圣宋元宝"字样，这枚小平钱是北宋徽宗靖国元年铸造的。晋卿岛礁盘大，以产海龟出名，龟门集中于岛的西岸。此外，这里还有海参场，值于岛北礁盘上。由于礁盘外缘沟谷系统发育，故小舟入岛方便。礁盘槽沟，可利用来开辟深水道，兴建码头。2012 年 4 月，国家海洋局已经批复了海南省对晋卿岛填海建设码头项目。

高尖石是西沙群岛中的一个岛屿，长约 42 米，宽约 26.8 米，岛平面成三角形。高尖石四周受蚀成海崖，又无沙滩，故澳大，不宜泊船。由于"高尖"，人们在 12 千米外就能看见该岛。地理坐标为北纬 16° 35′，东经 112° 38′。高尖石是南海诸岛中唯一非生物成因的岛屿。因其形状，海南渔民称为"尖石"，又因远望似船而称之为"石船""双帆"。实际上它是东岛西南方突起的一座死火山，由浅湖基底向上隆起而形成，从 50 米等深线看这座海底火山是圆锥形的。高尖石即是火山锥体的顶点，目前露出海面只有 5 米～6 米。由于它的岩石构成是玄武岩质火山角砾岩，因此可知这里是个火山口。这座火山是在更新世后期喷发形成的，火山角砾岩中有珊瑚砾块保存。角砾岩中珊瑚砾块呈棱角状，砾块大的达 15 厘米。岩层角砾含量高达 40%。地质考察表明，高尖石有包括加油石在内的不少特殊矿物。高尖石周围的湛涵滩、北边廊和滨湄滩组成东岛环礁的西翼和南翼，这些都是暗滩。

南沙群岛

南沙群岛是我国南海诸岛四大群岛中位置最南、岛礁最多、散布最广的一个群岛。主要岛屿有太平岛、中业岛、南威岛、弹丸礁、郑和群礁、万安滩等。曾母暗沙是我国领土最南地理点。南沙群岛现由海南省三沙市管辖。

南沙群岛位于北纬 3°40′~北纬 11°55′，东经 109°33′~117°50′。北起雄南滩，南至曾母暗沙，东至海里马滩，西到万安滩，南北长约 926 千米，东西宽约 740 千米，水域面积约 265 万平方千米。周边自西、南、东依次毗邻越南、印度尼西亚、马来西亚、文莱和菲律宾。南沙群岛由 230 多个岛、洲、礁、沙、滩组成，但露出海面的约占五分之一，其中包括 11 个岛屿，5 个沙洲，20 个礁。

南沙群岛主要是珊瑚礁构造，南沙岛礁中的水面环礁的礁体面积达 3000 平方千米。南沙群岛常年出露的岛、礁、沙洲以及在低潮时出露礁坪或礁石的低潮高地共 54 个，其中 44 个水面环礁，8 个水面台礁，2 个水面塔礁。因水面环礁往往又由多个单独的礁体构成，南沙群岛常年出露和低潮时出露的地理单体共 86 个，其中灰沙岛 23 个，常年出露的礁石 11 个，低潮时出露礁坪或礁石的干出礁 52 个。

水面环礁是指海洋中呈环状分布的珊瑚礁。一般中间有封闭或半封闭的潟湖或礁湖。南沙群岛有 44 个水面环礁：双子群礁（北子岛、南子岛、北外沙洲、贡士礁、奈罗礁、永登暗沙）、中业群礁西群（中业岛、铁线西礁、铁线中礁）、中业群礁东群（梅九礁、铁峙礁）、蒙自礁—长滩、渚碧礁、道明群礁（南钥岛、双黄沙洲、杨信沙洲、库归礁）、郑和群礁（太平岛、鸿庥岛、敦谦沙洲、舶兰礁、安达礁、南薰礁、小南薰礁）、九章群礁（景宏岛、染青沙洲、东门礁、安乐礁、长线礁、主权礁、牛轭礁、赤瓜礁、琼礁、屈原礁、漳溪礁、扁参礁、龙虾礁、染青东礁）、大现礁、小现礁、火艾礁、马欢岛—费信岛（费信岛、马欢岛）、五方礁、三角礁、禄沙礁、美济礁、仙娥礁、信义礁、海口礁、半月礁、舰长礁、仁爱礁、仙宾礁、蓬勃暗沙（含乙辛石）、司令礁、无乜礁、南华礁、六门礁、毕生礁、榆亚暗沙、光星礁、簸箕礁、南海礁、柏礁、东礁、中礁、西礁、日积礁、弹丸礁、皇路礁、南通礁、光星仔礁、永暑礁、安塘滩（巩珍礁、鲎藤礁）。

8个水面台礁包括：西月岛礁坪、南威岛礁坪、安波沙洲礁坪、半路礁、牛车轮礁、华阳礁、南屏礁、小火艾礁。

南沙群岛属热带海洋性季风气候，月平均温度在25℃～29℃之间，雨量充沛，岛上植被繁茂，海鸟群集，盛产鸟粪。海中水产种类繁多，是我国海洋渔业最大的热带渔场，有浮藻植物155种，浮游动物200多种，贝壳66种。我国南海中的海洋鱼类有1500多种，八成以上的种类在南沙群岛海域都有分布，马鲛鱼、石斑鱼、红鱼、鲣鱼、带鱼、宝刀鱼、海鳗、沙丁鱼、大黄鱼、燕鳐鱼、乌鲳鱼、银鲳鱼、金枪鱼、鲨鱼等具有极高的经济价值。其中马鲛鱼、石斑鱼、金枪鱼、乌鲳鱼和银鲳鱼是产量很高的主要品种。

我国南沙群岛还是热带海龟的"故乡"。海龟是海洋中少有的几种爬行动物之一。一般指的是"绿蠵龟"，分布在热带、亚热带海域，每当4月～8月，大量的海龟随着暖流从领近海域进入南海，在南沙群岛的岛屿礁滩交配，爬上沙滩产卵。龟卵靠沙滩的温度自然孵化出小海龟。成年海龟体长一米左右，重约100千克～200千克。海龟有较高的经济价值：肉和蛋都可食用，味道鲜美，营养丰富；龟板可制成龟板胶，是较高级的营养补品；龟掌、龟血、龟油及龟脏都可入药，对肾亏、胃出血、肝硬化等多种疾病均有一定疗效。海龟是南沙群岛的主要特产之一，年产量可达 2000 多只。玳瑁是海龟类中的一种珍贵的品种，外形与"绿蠵龟"相似，因其背甲鳞共有十三块，俗称"十三鳞"。鳞片质地优良、花纹美丽、光泽透亮，是制作珍贵装饰品的极好材料。

从地理上看，南沙群岛属于大陆架，因此具有丰富的石油资源。据估计，有 140 亿吨石油和 22.5 万亿吨石油当量的天然气。油气资源主要分布在曾母暗沙、万安西和北乐滩等十几个盆地，总面积约 41 万平方千米，仅曾母暗沙盆地的油气质储量约有 126 亿吨至 137 亿吨。

南沙群岛不仅有丰富的自然资源，而且地处太平洋和印度洋之间的国际航道咽喉，是扼守马六甲海峡、巴士海峡、巴林塘海峡，巴拉巴克海峡的关键所在，独特的地理位置决定了南沙群岛重大的战略价值。

南沙群岛主要由数目众多的岛礁组成，其中较大的有太平岛、中业岛、南威岛、弹丸礁、郑和群礁、万安滩等。

太平岛俗称黄山马礁，呈菱形，是南沙群岛中最大的岛屿。太平岛位于北纬 10° 23′，东经 114° 22′，平均潮位时陆域出水面积约为 0.49 平方千米，海水低潮位时礁盘与陆域出水面积约 0.98 平方千米，海拔 4 到 6 米。由于是一珊瑚礁岛，地表之细沙土为珊瑚礁风化所形成，下层为坚硬之礁盘。岛之四周均有沙滩，南北侧沙滩较狭宽仅 5 米、东侧宽约 20 米、西南侧宽约 50 米。沙滩上堆积的细砂白里透红，主要为珊瑚和贝壳碎屑，红色的砂是由红珊瑚碎裂而成。太平岛是南沙群岛中唯一有淡水资源的岛屿。

1946 年，该岛屿由中国军队的太平舰负责从日本军队接收并竖立主权碑石，宣示主权，岛名也因此舰而得名。现在太平岛由台湾实际控制，岛上有台湾海巡署派兵驻守。

太平岛东西呈狭长带状，地势平坦，属热带海洋性气候。因为地近赤道，所以太平岛气候终年皆夏，年温差小，年均温 27.5℃，最冷月均温 26.1℃。年降水量 1862 毫米。高温多雨的气候特征使岛上森林遍布，椰子树、木瓜树和香蕉树是这里的主要树种。据统计，岛上共有 109 种植物，若栽培种及驯化种不计，共有 81 种原生植物分属于 33 科 66 属：其中蕨类植物有 3 种；双子叶植物有 57 种分属于 25 科 45 属；单子叶植物有 21 种分属于 6 科 19 属，内含海生植物泰莱藻。其植物组成以禾本科 13 种最多，豆科及大戟科各 9 种次之，紫草科、旋花科、茜草科及莎草科各 4 种再次之。以生长习性而言乔木有 12 种，灌木有 10 种，蔓性植物有 11 种，其余 48 种为草本类。本岛东部的热带海岸林，其树高可达 20 米，主要以橄树、榄仁树、莲叶桐、葛塔德木、草海桐、白水木、海柠檬、藤蟛蜞菊、长柄菊、长鞍藤、葛蕾草等乔木为主，林间杂有林投、可可椰子，林内灌木及小乔木层极为稀少，林下草本植物蛇尾草为主，少数的藤本植物如老虎心、莲实藤散布于其间，另由草海桐等灌木组成外围屏障。开阔的海滨地区，主要的植物种类有马鞍藤、双花蟛蜞菊。

太平岛上的动物主要以候鸟为主，候鸟多在此做短暂停留渡冬、过境，由于岛上的鸟类活动范围太小，水鸟多聚集于东北角沙岸、西南边码头旁边的沙地及沿岸四周的沙岸觅食；陆鸟则分布于岛内四周的乔木和灌木上。有时岛上也常有雀鹰和白尾热带鸟等栖息。

由于太平岛地下水位高，水质含氯盐，虽然有数口水井，但

除了东部水质尚可接受外，其余均不适合饮用。20世纪80年代，台湾当局曾经在岛上钻了一口600多米深的水井。1992年，又兴建了集水坪、蓄水池等设施。1993年，设置完成了两部海水淡化机，每天造水4小时，约有6000加仑的淡水产量。

太平岛是中国渔民的一个渔业支援基地，设有南沙医院、气象观测站、卫星电讯通讯、雷达监控等设备。2001年12月，岛上完成了20.3千瓦容量的太阳能备用电源装置的建设。

太平岛上没有正式公路，只有一条环岛生态步道，主要交通工具为脚踏车。现在，高雄市政府赠送的"南沙一号"成为岛上唯一的公车。岛上的太平岛—南沙群岛界碑宣示了太平岛为中国领土。

太平岛虽然面积较小，但地当要冲，战略地位非常重要，有"南海心脏"之称。太平岛距西沙群岛约740.8千米，距台湾本岛的高雄市1592.7千米，距离菲律宾苏比克湾基地约814.9千米，距马六甲海峡东口的新加坡1000.1千米。此外，太平岛在航道安全、海难通报、南海气象监测、国际飞航情报等方面都有重要价值。

中业岛也称为铁峙，长800米，宽500米，高出水面3.3米，位于中业群礁中部，扼铁峙水道之西，是南沙群岛第二大岛。中业岛的四周有沙堤包围着，沙堤高约5米，宽达60米，岛呈三角形，岛上覆盖的灌木、棕榈树等植被，高达3米~4米，曾为中国渔民的季节性居留地。1956年，台湾当局先后派遣舰队巡查，并在中业岛上举行了升旗仪式，将南海诸岛编为南海守备区，派遣海军陆战队驻守太平岛加以守护。

中业岛上有茂密的丛林，中部有鸟粪层，岛西岸有一口大水井，水质较好，可以饮用。岛西北有高大的椰子林，中部有渔民茅屋，耕地及清代小庙。我国渔民经常住岛生产，并自盖了茅屋居住。该岛土质较好，我国渔民在岛上种植有椰子、木瓜、番薯和苋菜等。

　　郑和群礁又称郑和环礁、提闸滩，为纪念我国明代著名航海家郑和先后七次率领大型船队下西洋而得名。该礁位于南沙群岛的北部第四列环礁，在南沙道明群岛正南方，位于北纬10°19′~10°25′，东经114°12′~114°45′，东西长30千米，平均宽度8千米，由太平岛、中洲礁、敦谦沙洲、舶兰礁、安达礁、鸿麻岛、小南薰礁、南薰礁等组成，是南沙群岛最大的群礁。

　　群礁沙盘外是750米~1000米的深海，长轴大约56千米长（西南——东北），19千米宽，中央的潟湖大约50米~90米深。湖中有20多座水深10米的珊瑚丘。湖底沉淀物为薄层珊瑚沙和有孔虫类沙，沙盘上有几个岛礁浮出水面。郑和环礁礁盘面积达615平方千米，但露出海面的陆地面积仅有0.557平方千米。郑和群礁的"门"即通向深海的通道，分布于南、北、西三面。北面有四个"门"。在太平岛东，水深10米~18米之间。一门据太平岛14千米，二门据太平岛6.5千米，三门距岛3千米，四门在岛东侧，常用的是三门水道。南侧有两门，一门在鸿麻岛东北，深18米，二门在鸿麻岛西，深18米。西门在太平岛西南4千米，深18米。

　　1989年8月，我国海军南海舰队在南沙群岛的永暑、赤瓜、华阳、南薰、诸碧、东门等六座岛礁矗立石碑，上刻"中华人民共和国南沙群岛"，碑中央刻写礁名，其中就包括"郑和群礁"。

　　道明群礁位于北纬10°40′~10°55′，东经114°19′~114°37′，在中业群礁东南约37千米，为中间宽两头尖的环礁，东北—西南向长39千米，中间宽约13千米。环礁周围分布着南钥岛、杨信沙洲、双黄沙洲和库归礁等。环礁外是水深超过 1000 米的深海。环礁内水深一般不超过 65 米。边缘礁滩水深在 13 米~17 米之间。道明群礁的主要岛礁分布在南部边缘，1935 年公布名称为罗湾礁，1947 年和 1983 年公布名称为道明群礁，用以纪念明朝初年梁道明经营三佛齐归顺的功绩。环礁自东北到西南延伸，长 39 千米，宽近 13 千米，浅湖水深 55 米~65 米，有不少"门"和外海沟通。浅湖中有一深沟南北贯通，很有利于湖水外流，并把浅湖分成两部分。北部礁盘一般不露出水面，南面的礁盘多露出水面，并有洲岛发育在礁盘上。

南钥岛，岛形大致呈三角形，最高点海拔 2 米，是南沙群岛中地势最低的岛屿。全岛直径约 200 米，总面积约 0.08 平方千米，位于北纬 10° 41′，东经 114° 25′，在道明群礁的最南部，1947 年和 1983 年公布名称为南钥岛。该岛呈圆形，岛直径约 300 米，海拔 1.8 米，高度只有中业岛的五分之一，是南沙群岛中最低的小岛。它所在的小礁盘也呈圆形，直径约 1.2 千米。岛缘沙滩有 200 米~500 米，小岛有沙堤围绕，高 6 米，中部为洼地。岛上漫布的灌木，中部有椰子林、水井及房屋，并有一座清代道光年间的小庙。由于本岛沙堤小，淡水存储量不大，故缺乏淡水。我国渔民向来以此岛作为捕捞基地，同时，在岛上种植椰树、建造房屋和神庙，并挖有水井。

弹丸礁是南沙群岛七十余个珊瑚环礁中的一个小型"封闭环礁"，露出的岛礁只有一个，故称弹丸礁。弹丸礁因位居亚洲大陆与南太平洋岛屿间，是候鸟飞越南海的一个歇脚点，加之人迹罕至，所以是海鸟的天堂，西方航海家因此称之为燕子岛。现存的露出水面的岛礁范围，实际上为填海连接原来两座小礁而成的人工岛，并非自然原貌。20 世纪 70 年代以来，马来西亚占据此礁，驻有一支多达 70 人的武装力量，并修建了简易机场和无线电设施。

弹丸礁是南沙群岛的一个环形珊瑚岛，最重要的礁石位于北纬 7°23′，东经 113°48′，东北至西南长约 6.5 千米，南北最宽 2.4 千米，是一个有银白沙滩，灌木葱郁的狭长形环礁。露出水面的陆地大致成东北—西南走向，长约 1.3 千米，陆地面积约 0.1 平方千米，是南沙群岛第十一大岛、第一个人工岛，同时也称为燕子岛。马来西亚政府非法侵占后，称之为拉央拉央岛。弹丸礁现已成为南沙群岛中一个旅游度假胜地，堪称"南方明珠"。

万安滩在北纬 7°28′~7°33′，东经 109°36′~109°57′的范围内。位于南沙群岛西部，在李准滩西南约 64.8 千米，似新月形，东西长达 63 千米，平均宽 11 千米，水深一般在 37 米~111 米之间。1935 年公布名称为前卫滩。1947 年和 1983 年公布名称为万安滩。

曾母暗沙位于北纬 3°58′，东经 112°17′，与相邻连的"八仙暗沙"和"立地暗沙"构成的暗沙（或暗礁）组，共为中国领土的最南端。该暗沙距离中国大陆约 2000 千米，距离赤道 370.4 千米。因为邻近赤道，常年都是夏季，属典型的赤道气候。

礁体为水下珊瑚礁，面积 2.12 平方千米，根据中国科学院南海海洋研究所实验 3 号船 1985 年~1986 年调查，最浅处水深约 17.5 米。礁丘表面崎岖不平，由以造礁石珊瑚为主体的造礁生物组成，还有很多附礁生物。据水下电视观察，25 米以内，活珊瑚生长较好，滨珊瑚、蜂房珊瑚、厚丛珊瑚和蔷薇珊瑚等较普遍，其中以中华蔷薇珊为礁丘上部表面的优势品种。此外，礁栖生物也较丰富，在 25 米以下的礁体表面，活珊瑚很少，礁石屹立，一

些附礁生物稀疏地生长在礁石上。在礁石之间的凹坑内，堆积着钙质生物碎屑，其中软体动物壳屑较多，次为苔藓虫和有孔虫，还有少量钙藻、棘皮类和八射珊瑚骨针，未见陆源碎屑，但在曾母暗沙礁丘外围陆架沉积物中都有陆源碎屑成分。

曾母暗沙礁体只是附近陆架上的礁丘群中较大的礁体。曾母暗沙礁丘由礁核和礁翼两部分组成。礁核是暗礁的主体，通过陆翼向陆架海床过渡。在礁丘的近南北剖面图上，可见陆核，范围长 1100 米，礁顶较窄，礁翼较宽。南部被夷平均礁体间隙里充填了生物碎屑，在偏北部的礁坡凹处地被生物碎屑覆盖。在近东西向的剖面，礁核和礁翼都不宽阔，它是礁体短轴的剖面，礁体东坡显得很陡。在该礁体的南方有一个面积 0.31 平方千米、最浅点为 23.5 米的珊瑚暗礁；在它的西南 25.9 千米处也存在另一个珊瑚暗礁。这些礁丘与外围陆架沉积物有明显界线。

1935 年，中国公布名称为曾姆滩。1947 年，中国公布名称为曾母暗沙。1983 年 4 月 25 日，中国地名委员会受权发表公告，标准化名称为曾母暗沙。1983 年 5 月，中华人民共和国海军编队前往南沙巡逻，并于 22 日 8 时 19 分在曾母暗沙抛锚，宣示中国主权。1994 年，中国人民解放军海军再次在曾母暗沙宣示主权，并投放了主权碑。

五、历史沿革

南海古称"涨海""炎海"等，至于命名缘由，《琼州府志》有"南溟者天池也，地极燠，故曰炎海；水恒溢，故曰涨海"的解释。尤其是"涨海"，我国古代典籍中，这一名字频现。谢承《后汉书》有"交趾七郡贡献皆从涨海出入"，东汉杨孚

《异物志》也有"涨海崎头，水浅而多磁石，微外人乘大舶，皆以铁锢之，至此关，以磁石不得过。"的记载，三国吴万震《南州异物志》有"东北行，极大崎头出涨海，中浅而多磁石"的说法，宋李昉等撰《太平御览》引三国吴康泰《扶南传》："涨海中到珊瑚洲"，"涨海"这一叫法一直延续到南北朝；《梁书》卷五十四《海南诸国列传》："干陁国在南海洲上"（干陁国故地在今苏门答腊岛），已开始使用"南海"名称，至唐宋时期"南海"之称渐多，初唐被流放越南的诗人沈佺期有"身投南海西"的诗句（《赦到不得归题江上石》）。南海在古代除了被称为"涨海""南海""炎海"外，还有"朱崖海""大洲洋""琼洋""琼海"等说法。

南海诸岛则泛称"涨海崎头""珊瑚洲"；而以"磁石"借指称暗礁暗滩，其含意是南海暗礁暗滩多，来往船只搁浅难脱，像被磁石吸住一样。对南海诸岛的称呼，除了"涨海崎头""珊瑚洲"之外，还有"木饮州"等，其中康泰《扶南传》中关于"涨海中到珊瑚洲，洲底有盘石，珊瑚生其上也"的记载，是世界上对南海诸岛珊瑚岛礁成因作出的最早的科学说明。

随着生产发展，航海事业进步，南海诸岛的地名从整体泛称而逐步深入到群组命名。南宋周去非《岭外代答》载，南海有"长沙、石塘数万里"，首次以"长沙""石塘"分指西沙和南沙两群岛，即以沙岛为主的是"长沙"（西沙），以环礁为主的是"石塘"（南沙）；南宋义太初作序的《琼管志》有"东则千里长沙，万里石塘"；南宋赵汝适《诸蕃志》、王象之《舆地纪胜》和祝穆《方舆纪胜》也均把西沙群岛和南沙群岛分别称为"千里长沙、万里石塘（床）"。据专家统计，仅宋元明清四代，记述南海诸岛石塘、长沙之类的文献、图籍就多达百种，名称叫法则有二

十余种。其中宋代有七种图籍，五种叫法；元代有四种图籍，三种叫法；明代有二十二种图籍，八种叫法；清代有七十余种图籍，二十一种叫法。不仅如此，古人还为南海诸岛的岛、礁、沙、滩、洲起了许多形象生动的名字。但是，从宋到清代，基本上都以石塘和长沙来表示南海各个群岛。我国从古代到现代对南海的管辖经历了一个漫长的历史过程。

我国人民最早发现和开发南海诸岛

远在秦汉时代，我国已经有了一定规模的远洋航海通商和渔业生产活动，当时的南海已成为重要的海上航路之一。我国人民于南海之上航行，最早发现了南海中的岛屿礁滩，并给予了中国式的命名。秦朝的统一将华南沿海一带纳入国家版图。从西汉到唐朝末期，现在的越南中部和北部均是中国领土，南海也成为了中国的领海之一。元世祖忽必烈数次派军队到达越南北部平叛，元朝南方海军的巡逻区域已到达加里曼丹岛。明朝政府的海军多次下西洋，南海是其主要的航道，而且当时的

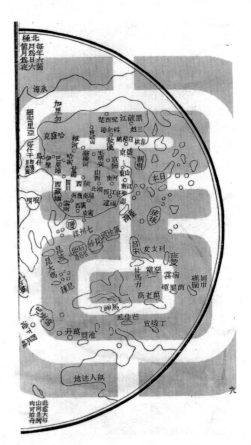

■ [清] 王之春：《国朝柔远记》卷二十，"沿海形势略"之"环海全图"（光绪十七年广雅书局刻本） 李国强/摄

214

东南亚国家始终以接受中国政府的册封为合法正统，南海周边国家从元朝开始到清朝是中国中央政府的藩属国。

三国时期孙权曾派朱应、康泰出访东南亚各国，船队经南海到达扶南（今柬埔寨）等国，并与这些国家建立了友好关系。康泰回国后根据经历所写成的《扶南传》，对南海诸岛的地理情况作了准确的记载。

唐宋时期，随着对外交往进一步增多以及宋初指南针在航海的应用，我国人民在南海的航行和生产更加频繁，同时针对南海航路以及岛屿位置、名称的考察和记载也已较为详细。南宋周去非的《岭南代答》中有"东大洋海，有长沙、石塘数万里"的说法，书中所记的"长沙、石塘"指的就是南海诸岛。长沙是以沙岛为主的珊瑚岛，石塘是以环礁为主的珊瑚礁。赵汝适在多方调查询问并参考《岭南代答》的基础上撰写的《诸蕃志》（1225年成书）中指出："贞元五年（公元789年）以琼为督府，今因之。……至吉阳（今三亚市），乃海之极，亡复陆涂。外有州，曰乌里，曰苏吉浪，南对占城，西望真腊，东则千里长沙、万里石床，渺茫无际，天水一色。"我国在唐代已经将西南中沙群岛划归海南岛的振州，宋时改为吉阳军管辖。

宋代在前代的基础上将南海诸岛纳入了行政范围，当时的"千里长沙""万里石塘"属当时广南西路的管辖范围。这标志着南海诸岛开始纳入中国版图。中国在南海诸岛派遣水师巡视海疆始于宋代。曾公亮撰著的《武经总要》具有很高的权威性，书中明确记载了宋朝水师巡视西沙群岛海域的情形："命王师出戍，置巡海水师营垒……从屯门山用东风西南行，七日至九乳罗洲。"九乳罗洲即现在的西沙群岛。

明清时期，我国许多图、籍、方志对南海诸岛的记载已经不胜枚举。明代郑和"七下西洋"长期航行南海，绘有《郑和航海图》，后载入茅元仪《武备志》。该图标出了石星石塘、万生石塘屿、石塘等岛群的名称和相对位置。清代陈伦炯《海国闻见录》中的附图《四海总图》，已经明确标绘有四大群岛的地名和位置，当时称东沙群岛为"气沙头"，西沙群岛为"七洲洋"，南沙群岛为"石塘"，中沙群岛为"长沙"。在清政府编绘的多种地图中已明确将南海标注为我国的疆域范围。1716 年的《大清中外天下全图》、1724 年的《清直省分图》、1767 年的《大清万年一统天下全图》、1800 年的《清绘府州县厅总图》和 1818 年的《大清一统天下全图》等等，这些官方舆图都在海南岛的东南方绘有南海诸岛，并将之列入中国疆域版图。

另外，郑和"七下西洋"的随从人员费信著《星槎胜览》、马欢著《瀛涯胜览》、巩珍著《西洋番国志》等书，其中对南海及南海诸岛的记载更加清晰。明朝的航海著作，如顾蚧的《海槎余录》、黄衷的《海语》等书，对南海航行、岛礁分布及地理特征都有详细的描述。官方修纂的《广东通志》、《琼州府志》、《万州志》等地方志书，都辑录有西南中沙群岛的资料，将西南中沙群岛列为海南岛的附属岛屿。从正德《琼台志》的记载中可以看到，明朝已将西沙、南沙群岛作为海防区域。

与此同时，我国人民对南海诸岛的开发历史也源远流长。考古发现表明，西沙群岛的甘泉岛上有唐宋遗址，出土了一批唐宋瓷器、铁锅残片以及其他生产、生活用品。由此可以证明，不迟于唐宋时期，我国人民就已经在西沙群岛居住和生产，已经成为这里最早的主人了。明代以后，我国人民在各岛屿上保留了更多的遗迹。西沙群岛的永兴岛、金银岛、珊瑚岛、东岛、北岛等岛礁相继出土了大批的明代和清代的铜钱、瓷器及其他生活用品，并存有中国渔民所建的古庙遗迹。仅赵述岛、北岛、南岛、永兴岛、东岛、琛航岛、广金岛、珊瑚岛、甘泉岛就有古庙十四座。在南沙群岛的太平岛、中业岛、南威岛、南钥岛、西月岛等也已经发现有古庙遗存，并且这些庙宇大部分是清代所建，也有明代建造的。另外，在西沙群岛和南沙群岛的一些岛礁上，还发掘了多块清代和民国时期的石碑。这些石碑多为当时莅岛视察的政府或军队要员宣示我国主权所立的纪念碑。

值得一提的是，世代传抄的《更路簿》也证明了我国人民开发南海诸岛的历史。《更路簿》是中国沿海渔民的航海针经书。现存的手抄本《更路簿》产生于清康熙末年，它详细地记录了西南中沙群岛的岛礁名称、准确位置和航行航向、距离。这是中国

■《更路簿》 李国强/摄

人民开发西南中沙群岛的最直接的历史见证之一。

我国政府最早对南海诸岛进行管辖、行使主权

　　我国政府对南海诸岛进行管辖并行使主权的历史至少可以追溯到唐宋时期。唐朝初年,今海南岛建置有北部的崖州、西部的儋州、南部的振州。振州,即今天的三亚市,其前身为临振县,隋朝大业三年(607),增设临振郡,唐高祖武德五年(622)改郡为州,时号振州。《旧唐书·地理志》已有振州管辖海南岛南部海域的记载。

　　宋代改振州为崖州,后易名为朱崖军、吉阳军。由吉阳军直接管辖南海诸岛。当时,北宋朝廷首命水师出巡至今西沙群岛,这是

我国古代海军首次的巡海活动。

元世祖至元十五年（1278），将琼州改为琼州路，仍由吉阳军管辖南海诸岛。当时，宋代的军制多已改州，唯四川行省的长宁军和湖广行省的南宁（今儋州市）、万安（今万宁市）、吉阳（今三亚市）三军未改，这是以特殊行政制度管理边疆的方法，可见统治者对海防边疆的重视。元世祖忽必烈还亲派著名天文学家郭守敬到南海进行天文测量，这是元朝在南海行使管辖权的佐证。

明朝对南海诸岛的管理更加完善。明政府在海南设立了统一的地方行政管理机构——琼州府，隶属广东。同时恢复崖州、儋州、万州，将南海诸岛划归琼州府领属的万州管辖，并明确区分为"南澳气""七洲洋""万里长沙""万里石塘"等四大岛群，也就是今天的南海诸岛。

迨至清朝，前期和中期基本沿袭明制不变。至清后期，东沙群岛归属惠州管辖。西沙群岛、

■ 中国海监执法船在南海　李国强/摄

南沙群岛、中沙群岛仍由海南的万州管辖。自此南海诸岛分属于不同的两个州级地方行政机构管辖。

民国时期，广东省政府宣布把西沙群岛划归海南崖县管辖。第二次世界大战结束后，根据1943年中英美三国的《开罗宣言》和1945年7月《波茨坦公告》的精神，中国政府派官员前往西沙群岛进行接收事宜，在岛上举行接收仪式，重竖主权碑，并在南沙群岛的太平岛驻扎军队。

中华人民共和国成立后，我国政府继续对西南中沙群岛及其海域行使主权。1959年3月24日在西沙群岛的永兴岛设置"西沙群岛、南沙群岛、中沙群岛办事处"。自此正式的政府行政机构

■ 民国政府有关南海主权的档案
李国强/摄

开始驻岛行使主权，政府对西南中沙群岛岛礁及其附近海域的行政管辖也进一步加强。1969 年 3 月 4 日改称"广东省西沙、中沙、南沙群岛革命委员会"。1981 年 10 月 22 日经国务院批准在永兴岛设立"西沙群岛、南沙群岛、中沙群岛办事处"，作为广东省人民政府的派出机构，相当于县级的办事机构，由海南行政区公署直接领导。1988 年海南建省，海南省管辖范围包括海南岛内 19 个市、县和西沙群岛、南沙群岛、中沙群岛的岛礁及其海域，1988 年 9 月 19 日更名为"海南省西沙群岛、南沙群岛、中沙群岛办事处"，办事处仍驻西沙群岛永兴岛。

为了加强对南海和南海诸岛屿的开发和行政管辖，2012 年 7 月 24 日，经国务院批准，正式设立了地级三沙市。三沙市位于中国南海，是中国地理纬度位置最南端的城市，为海南省第三个地级市，下辖西沙群岛、南沙群岛、中沙群岛的岛礁及其海域。三沙市政府所在地是永兴岛，面积 2.3 平方千米，是南海诸岛中面积最大的岛屿，也是三沙市军事、经济及文化中心。三沙市涉及岛屿面积 13 平方千米，海域面积 200 多万平方千米，是中国陆地面积最小、总面积最大、人口最少的城市。

2012 年 7 月 19 日，经中共中央军事委员会批准，广东军区组建了"中国人民解放军海南省三沙警备区"。21 日，西、南、中沙 1100 多名选民票选海南省三沙市第一届人大代表。22 日，三沙市第一届人民代表大会代表名单公布，共有 45 名代表当选。23 日，海南省三沙市第一届人民代表大会第一次会议闭幕，会议选举产生了市一级权力机构。

三沙市的设立，标志着我国继浙江省舟山市之后，出现了第二个以群岛为行政区划设立的地级市，表明我国对南海各大群岛、岛礁及其海域的管辖迈出了重要的一步。

■ 三沙：永兴岛 市委、市政府办公室 李国强/摄

※特别说明：除注明出处的图片外，其余均由北京汉华易美图片有限公司提供。

[1] 杨文鹤. 中国海岛[M]. 北京:海洋出版社，2000.

[2] 李国强. 南中国海研究:历史与现状[M]. 哈尔滨:黑龙江教育出版
社，2003.

[3] 蔡乾忠. 中国海域油气地质学[M]. 北京:海洋出版社，2005.

[4] 张训华. 中国海域构造地质学[M]. 北京:海洋出版社，2008.

[5] 国家海洋局海洋发展战略研究所课题组. 中国海洋发展报告(2010)
[M]. 北京:海洋出版，2010.

[6] 国家海洋局. 中国海洋统计年鉴[M]. 北京:海洋出版社，2011.

歌 曲

祖国的海洋

1=G 4/4

♩=63 辽阔地、颂扬地

王昕朋 词
戚建波 曲

（合唱）

3 5 6 5 - | 6 1 2 1 - | 3 3 5 5 6 3 | 2 - - - |
天 茫 茫   水 茫 茫，   天 水 相 连 万 里   长。

3 5 6 5 - | 3 2 1 6· - | 2 2 3 3 5 6 | 1 - - - |
云 飞 翔   浪 飞 翔，   云 飞 浪 卷 好 风   光。

（独唱）

‖: 5 3·3 2 3 1 | 7 1 2 6 6 6 5· | 6 1 1 1 1 2 2· | 3 5 1· 2 3 2· |
祖 国 的 海 洋 像 母 亲 宽 广 的 胸 膛   托 起 东 升 的 太 阳   哺 育 我 们 成 长。

          2 2   1 1 6 5 2 2·   3· 3 5 5 2 3 2·
祖 国 的 海 洋 像 父 亲 刚 强 的 臂 膀， 捧 出 无 尽 的 宝 藏   为 了 国 富 民 强。

3 3·3 5 6· | 3 3 2·1 5 6· | 6· 5·5 3 5· | 2/4 2 2 3·2 4/4 3 1· | 1 - |
沐 浴 着 海 风   胸 怀 更 加 坦 荡， 亲 吻 着 海 浪   放 飞 蓝 色 梦 想。
                              2 6
沐 浴 着 海 风   心 中 充 满 力 量， 亲 吻 着 海 浪   坚 定 远 大 志 向。

％
6 1·1 6 1· | 7 7 6·3 6 5· | 5 5 5 6 6 5 3· | 5 5 2 3 2 - |
祖 国 的 海 洋   就 像 父 母 一 样， 给 我 们 带 来 欢 乐   带 来 希 望。

6 1·1 6 1· | 7 7 6·5 6 3· | 2 3 3 5 5 5 6 5· | 3 6 2 1 - :‖
祖 国 的 海 洋   就 像 父 母 一 样， 我 们 用 青 春 和 生 命   为 你 争 光。

1.

2.   3.
3 6 2 1 - :‖ 3 6 2 1 - | 5 5 6 - | 2 - - - ‖ 1 - - - | 1 - - | 1 0 ‖
为 你 争 光。 D.S. 为 你 争 光。 为 你 争   光。